ANIT AĞAÇLARA COĞRAFİ BAKIŞ

(Samsun'un Anıt Ağaçları)

Arş. Gör. Halithan ŞEN

Ondokuz Mayıs Üniversitesi, İnsan ve Toplum Bilimleri Fakültesi, Coğrafya Bölümü, Türkiye Coğrafyası Anabilim Dalı Öğretim Elemanı

ORCID No: 0000-0003-1332-2132

Doç. Dr. Muhammet BAHADIR

Ondokuz Mayıs Üniversitesi, İnsan ve Toplum Bilimleri Fakültesi, Coğrafya Bölümü, Fiziki Coğrafya Anabilim Dalı Öğretim Elemanı

ORCID No: 0000-0001-5068-4250

Bu çalışma, Ondokuz Mayıs Üniversitesi Proje Yönetim Ofisi tarafından PYO.FEN.1904.21.001 proje numarası ile desteklenen yüksek lisans tezinden üretilmiştir.

ANIT AĞAÇLARA COĞRAFİ BAKIŞ
(Samsun'un Anıt Ağaçları)
Halithan ŞEN – Muhammet BAHADIR
ISBN: 978-625-6606-58-6

1. Baskı: Kriter Yayınevi 2023 / İstanbul
Yayınevi Sertifika No: 45353
Anahtar Kelimeler: Coğrafya, Anıt Ağaç, Anıtsal Değer, Dendrokronoloji
Birinci Baskı, 140 s. 16 cm x 23,5 cm
Kaynaklar var, Dizin yok.
Kapak Tasarımı: Ahmet Baran
Mizanpaj: Kriter Yayınevi
Baskı: Çözüm Baskı Merkezi Ticaret Limited Şirketi
Emniyetevleri Mahallesi Güvercin Sokak No:7/1 Kağıthane / İstanbul
Matbaa Sertifika No: 49099

İletişim:
Kriter Yayınevi
Hobyar Mah. Cağaloğlu Yokuşu Sok. Fevzi Bey Han No: 21 Kat: 2 No: 5
Fatih / İstanbul

Tel: 0 212 527 31 89
info@kriteryayinevi.com
www.kriteryayinevi.com

ANIT AĞAÇLARA COĞRAFİ BAKIŞ

(Samsun'un Anıt Ağaçları)

Halithan ŞEN – Muhammet BAHADIR

Birinci Baskı

2023 – İstanbul

KRİTER

ÖNSÖZ

Ağaçlar peyzajın en temel unsurlarındandır. İnsanların ruh ve beden sağlığı açısından çok önemli işleve sahip olan ve çevresel katkıları saymakla bitmeyen ağaçların sayısı genişleyen şehirlerdeki doğa tahribatı ve ağaçların endüstriyel amaçlı kullanımının artması gibi başlıca nedenlerle azalmaktadır. Bu amaçlar doğrultusunda kesilen ağaçlar, türlerinin sıradan bireyleri olabildiği gibi sıradan ağaçlardan birtakım özellikler ile ayrılan ve zorunda kalmadıkça kesilmemesi, yaşatılması gereken ağaçlar da bu faaliyetlere kurban gidebilmektedir. Sıradan ağaçlara kıyasla üstün özellik gösteren bu ağaçları korumak için oluşturulan statü, anıt ağaç kavramını ortaya çıkarmıştır.

Bu eser, doğanın mirası ve bilinen en uzun ömürlü canlılar olan anıt ağaçlar hakkında hazırlanmıştır. Okurları terminoloji hakkında bilgilendirmek amacıyla çalışmanın ilk bölümleri anıt ağaç kavramının ve öneminin açıklanmasına ayrılmıştır. Ardından anıt ağaç tespit çalışmalarında kullanılan yöntemlerden bahsedilirken bu çalışmada kullanılan araştırma yöntemleri ve tescil süreci hakkında bilgi verilmiştir. Türkiye'nin toplam anıt ağaç varlığı ve Samsun'un tescilli anıt ağaçlarının dağılışı haritalar üzerinde gösterilmiş ve tescilli ağaçların dağılışının sebepleri açıklanmıştır. Çalışmanın temel amacı Samsun ilindeki anıt değer taşıyan ancak tescillenmemiş ağaçları tespit etmektir. Çalışmanın ülkemizdeki anıt ağaç sayısının artışına katkı sağlayacak bölümü 61 adet ağacın envanter karneleri ile tanıtıldığı bölümdür. Ardından tespit edilen ağaçların Samsun için önemine değinilmiştir. Son olarak arazi çalışmaları esnasında karşılaşılan bazı özel durumlar fotoğraflar kullanılarak açıklanmıştır.

Anıt ağaçlar konusu üzerine araştırma yapma fikrini bana vermesi ve çalışma sürecindeki önemli katkıları nedeniyle danışmanım Doç. Dr. Muhammet BAHADIR'a; yüksek lisans tezim üzerine çalışırken tez jürisinde yer alarak çalışmaya önemli katkıları olan Prof. Dr. M. Taner ŞENGÜN ve Doç. Dr. Faruk AYLAR'a; ağaç yaş tespiti konusundaki bilgilerini benimle paylaşan Prof. Dr. Ünal AKKEMİK ve Dr. Öğr. Üyesi Fatih IŞIK'a; bitkilerin tür teşhisi konusunda yardımcı olan Prof. Dr. H. Güray KUTBAY ve Prof. Dr. Erkan YALÇIN'a; Coğrafi Bilgi Sistemleri teknikleri konusunda destekleri nedeniyle Arş. Gör.

Hasan DİNÇER, Dr. Öğr. Üyesi Serkan GÜRGÖZE ve Öğr. Gör. Dr. Fatih OCAK'a; çalışmanın farklı aşamalarında katkı sağlayan OMÜ Coğrafya Bölümü'ndeki kıymetli hocalarıma ve araştırmaya proje desteği sağlayan OMÜ BAP birimine teşekkür ederim.

Ayrıca arazi çalışmalarına katılarak çalışmanın en zorlu süreçlerinde bana yardımcı olan kıymetli eşim Arş. Gör. F. Zülal ŞEN'e; arkadaşlarım Hayati KALAYCI, Oğuzhan ACAR, Halil ARICI ve Nida ARAS'a; son olarak manevi destekleri ile bana kalp kuvveti veren babam Hakan ŞEN ve annem Nuray ŞEN'e teşekkür ederim.

Halithan ŞEN
Samsun, 2023

İÇİNDEKİLER

1. BÖLÜM

GİRİŞ

Coğrafya, yeryüzündeki mekanların özelliklerini ortaya koyan ve gerek bu özelliklerin gerek muhtelif mekanlar arasındaki benzerlik ve ayrılıkların sebeplerini ve bunlara hükmeden kanunları araştıran ve açıklayan bir ilimdir. Bu özelliklerin, benzerliklerin ve ayrılıkların meydana gelişinde en büyük rol, jeomorfoloji ve iklim ile birlikte bitki örtüsünün payına düşer (Erinç, 1977). Mekanlar arasındaki temel farkları belirleyen bu 3 ana husus arasından insanların faaliyetlerden doğrudan ve en fazla etkileneni bitki örtüsü olmuştur. İnsan topluluklarının doğa üzerindeki değiştirici faaliyetleri Dünya'daki doğal alanları önemli ölçüde daraltarak bu alanları yaşam ortamı olarak kullanan bitki ve hayvan türlerine zarar vermiştir (Marsh, 1864).

Özellikle Sanayi Devrimi ile birlikte doğal kaynaklar üzerindeki baskı artmış ve doğadan sınırsız şekilde yararlanma başlamıştır. Ormanlık alanlar ve ağaçlar bu baskıdan en çok etkilenenlerden olmuştur. Nitekim arazi kullanımının değişimi üzerine yapılan çalışmalar incelendiğinde insan nüfusunun artışının beraberinde şehirsel alanın genişlemesini getirdiğini ancak tarım alanlarında ve ormanlık alanlarda azalmanın gerçekleştiği görülmektedir (Bağcı ve Bahadır, 2019; Hatipoğlu ve Uzun, 2020; Marangoz vd., 2023; Bağcı ve Şahin, 2023; Uygun ve Aylar, 2023). Günümüzde başta madencilik, yakacak temini, kâğıt üretimi, mobilya üretimi, tarım alanları açma gibi faaliyetler ile şehirsel alanların hızla genişlemesi sebebiyle ormanlık alanlar ve şehirsel alanlardaki birey ağaçlar üzerindeki tahribat devam etmektedir. İnsanın ulaştığı her noktada hızla artan doğa tahribatının önüne geçmek ve bazı el değmemiş kıymetli alanları ve kıymetli varlıkları korumak ve sürdürülebilirliklerini sağlamak için birtakım koruma statüleri ortaya çıkarmak gerekmiştir (Yücel ve Babuş, 2005)

Milli Parklar, Tabiatı Koruma Alanları, Tabiat Anıtları, Tabiat Parkları, Özel Çevre Koruma Bölgeleri, Yaban Hayatı Koruma Alanları, Doğal ve Kültürel Miras Alanları, Uluslararası Öneme Sahip Sulak Alanlar, Ramsar Sözleşmesi ve Biyosfer Alanları başlıca koruma statüsü alanlarıdır (Zaman ve Coşkun, 2012; Doğanay ve Zaman, 2016). "Anıt Ağaç" da Tabiat Anıtları sınıfına dahil bir koruma statüsüdür ve son zamanlarda artan sayısı ile önemini göstermektedir. Türkiye'de 2021 yılı haziran ayına kadar toplam 9.267 ağaç, anıt ağaç statüsü ile koruma altına alınmıştır (Çevre, Şehircilik ve İklim Değişikliği Bakanlığı, 2021). Anıtsal değere sahip çok sayıda ağaçla ilgili tespit ve tescil çalışmaları sürdüğünden bu sayı giderek artacaktır.

Anıt ağaçların önemli bir bölümünün günümüze kadar yaşayabilmesi, bunların kutsal ve mistik mekanlarda yer almalarından ve bu yüzden saygı görmelerinden kaynaklanır (Yaltırık, 1999). Bu tespiti destekler şekilde anıt statüsü verilmiş ağaçların çoğu, insanlar tarafından çeşitli dönemlerde dikilmiş ağaçlardır. Bu ağaçlar yerleşme dokusu ile bütünleşmiş, geçmişten günümüze bulunduğu yerleşmenin bir parçası olan hem doğal hem de beşerî yönden tanıklık ettiği olaylar itibariyle bilgelik kazanmış ve yöre folklorunda önemli bir yeri olan ağaçlardır. Genellikle köy meydanlarında, cami avlularında, hamam, han, kervansaray gibi yapıların bahçelerinde bulunan yaşlı ağaçlar insanlar tarafından çeşitli zamanlarda dikilmiştir. Yıllar geçtikçe bu ağaçların bakımı ve yaşatılması o çevrede yaşayan insanlar için bir sorumluluğa dönüşmüştür (Asan, 2016).

Nitekim doğada insan etkisinden uzak, doğal yollarla yetişmiş görkemli ağaçlar da vardır. İnsan müdahalesi etkisinde kalmayan ağaçların gövde ve dallarındaki şekillenmeler doğal çevre şartları tarafından gerçekleştirilir. Bu durumda eksantrik gövde ve dal oluşumlarına sık rastlanmaktadır. Böylece fiziksel bakımından üstün özellikler gösteren ağaçların bu tip görsel özellikler de göstermesi ile taşıdıkları anıtsal değer artmaktadır.

Dünyanın farklı ülkelerinde anıtsal değer taşıyan ağaçlarla ilgili bilimsel çalışmalar uzun süredir yapılmaktadır. Çalışmalarda anıt ağaçlar farklı bakış açıları ile ele alınmıştır. Anıt ağaç tespiti ve yaşlandırılması hakkında (Chadt, 1913; Efe vd., 2010; Falk, 2011; Arnan et al., 2012; Dreslerova, 2017; Arlender, 2020; Szczepkowski et al., 2020; Takács & Malatinszky, 2021; Şen ve Bahadır, 2021), korunması, kültürel-rekreasyonel faaliyetler ve kentsel-kırsal peyzaj açısından önemleri hakkında (Schweingruber & Wirth, 2009; Le Roux, 2014; Asciuto et al., 2015; Patrut et al., 2018; Xie et al, 2020; Gallego-Valadés et al., 2020; Zhao et al., 2021) anıtsal özelliklerinin değerlendirilmesi hakkında (Ritchie et al., 2021) çok sayıda çalışma yapılmıştır.

Günümüzde Türkiye'de erişilememiş ve iç kısımlarına ulaşılamamış orman yoktur. Ancak Orman Genel Müdürlüğü tarafından ormanlarımızda yapılan yaş tahminleri ağaçların çap genişliğine orantılı olarak yapılmaktadır ve ormanlarımızdaki ağaçların yaşı net olarak bilinmemektedir. Bu durumun bir sonucu olarak ormanların içerisinde çok yaşlı ağaçların da bulunduğu ancak henüz envantere kazandırılmadıkları düşünülmektedir. Türkiye' de şu ana kadar yapılan anıt ağaç tespit çalışmaları genel olarak şu 2 temel amacı gütmektedir. İlki, şehirsel ya da kırsal alanlarda yöre halkı tarafından uzun yıllardır bilinen ve müdahaleye açık anıtsal ağaçların bilimsel literatüre kazandırılması ve koruma altına alınması; ikincisi ise ormanlık alanlar gibi kısmen erişimi zor alanlarda bulunan anıtsal ağaçların tespit edilmesi ve koruma altına alınmasıdır. Türkiye'de ağaçların anıtsal değerini ortaya koymak amacıyla yapılan çalışmalar, en fazla çınar ve meşe türleri üzerine yapılmıştır.

Türk kültüründe ağaca verilen önem son dönemdeki bilimsel çalışmalardan çok daha öncesine dayanmaktadır. Eski Türklerde medeniyetin beşiği olarak kabul edilen ağaca ve ağaç sevgisine çok önem verilirdi (Asan, 2010; Bars, 2014). Türk insanı ağacın oluşumu ile kendi hayatının tabii seyri arasında bir benzerlik olduğunu keşfetmiş ve yaşadığı her coğrafyada kutlu mekânlarla ağaçlar arasında bir ilişki kurmuştur. Bu inancın bir sonucu olarak, en eski devirlerden günümüze dek Türk toplulukları arasında mabetlerin çevrelerine ve mezarların yanlarına ağaç dikmenin kutsal bir görev olduğuna inanılmıştır (Arslan, 2014). Genel olarak Türklerin kutsal olarak kabul ettikleri ağaçlar meyvesiz, ulu (yüksek ve görkemli), açık renkli, gölgeli ve kaba olanlarıdır. Bunlardan belli başlıları şu şekilde sıralanabilir; kayın, çam, kavak, ardıç, çınar, servi, sedir, meşe, dut ve söğüt (Ergun, 2012).

Bu çalışma, Samsun ilinde fiziksel ve/veya sosyokültürel özellikleri bakımından anıtsal değer taşıyan ağaçların ve ağaç gruplarının tespit edilmesi ve bu ağaçlarla envanter oluşturulması amacıyla hazırlanmıştır. Bu amaç doğrultusunda Samsun ilinin çeşitli yerlerinde yapılan arazi çalışmalarında ağaçların boy, yaş, çap, tepe çapı vb. özellikleri ölçülmüştür. Ölçüm yapılan ağaçların anıtsal değerini hesaplamak için Genç-Güner Yöntemi kullanılmıştır. Değerlendirmeler sonucunda Samsun ili sınırları içerisinde 11 farklı türden 61 adet anıtsal değer taşıyan ağaç tespit edilmiştir. Bu ağaçlardan 54 tanesi boyutsal anıt ağaç olarak, 7 tanesi de aday anıt ağaç olarak kaydedilmiştir.

Eser ayrıca Samsun ilinde tespit edilen anıt ağaç örneklerinden yola çıkarak tespit ve tescil süreci aşamaları hakkında bilgi vermek, anıt ağaçlarda karşılaşılan olumsuz durumlardan bahsetmek ve çözüm önerileri sunmak, son olarak da anıt ağaçların doğru şekilde kullanımları ile sunabilecekleri katkıları açıklamak amacını da taşımaktadır. Anıt ağaç tespitinde önemli rol onayan saha çalışmaları, yaş tespitinde kullanılan yöntemler, arazi çalışmaları sırasında karşılaşılan bazı oluşumlardan bahsedilmiştir. Anıt ağaçların korunması ve gelecek nesillere birer doğa mirası olarak bırakılması için öneriler sunularak çalışma tamamlanmıştır.

2. BÖLÜM
ANIT AĞAÇ KAVRAMI

Ağaçlar peyzajın en temel unsurlarındandır. İnsanların ruh ve beden sağlığı açısından çok önemli işleve sahip olan ve çevresel katkıları saymakla bitmeyen ağaçların sayısı genişleyen şehirlerdeki tahribat ve ağaçların endüstriyel amaçlı kullanımının artması gibi başlıca nedenlerle azalmaktadır. Bu amaçlar doğrultusunda kesilen ağaçlar, türlerinin sıradan bireyleri olabildiği gibi sıradan ağaçlardan birtakım özellikler ile ayrılan ve zorunda kalmadıkça kesilmemesi, yaşatılması gereken ağaçlar da bu faaliyetlere kurban gidebilmektedir. Sıradan ağaçlara kıyasla üstün özellik gösteren bu ağaçları korumak için oluşturulan statü, anıt ağaç kavramını ortaya çıkarmıştır.

Türk Dil Kurumu'na göre anıt, "Önemli bir olayın veya büyük bir kişinin gelecek kuşaklarca tarih boyunca anılması için yapılan, göze çarpacak büyüklükte, sembol niteliğinde yapı; abide." şeklinde tanımlanmıştır. Bu tanıma göre anıt kavramının ağaçlar için kullanımı pek uygun gözükmemektedir. Ancak ağaçlar da kendilerine atfedilen kültürel değerler ve fiziksel özellikleri itibariyle gelecek kuşaklar için önemli mesajlar barındıran semboller haline gelebilmektedir. Bu nedenle üstün fiziksel özellikleri ve kültürel değerleri ile öne çıkan ve türdeşlerinden ayrılan bu ağaçların anıt ağaç olarak adlandırılmasında bir sakınca yoktur. Nitekim uluslararası alanda bu ağaçlar için miras ağaç, olağanüstü ağaç, dev ağaç, önemli ağaç, kıdemli ağaç, görülmeye değer ağaç, yaşlı ağaç vb. ifadeler de kullanılmıştır. Türkiye'de ise anıt ağaç kavramı bir koruma statüsü adı olarak kabul görmüş ve vatandaşlar tarafından da sık kullanılan bir kavram haline gelmiştir.

Anıt kavramının içeriğini destekler şekilde (Asan, 1992) tarafından anıt ağaç kavramının tanımı "*Yaş, çap ve boy itibariyle kendi türünün alışılagelmiş ölçüleri üzerinde boyutlara sahip olan, yöre folklorunda, kültür ve tarihinde özel yeri bulunan, geçmiş ile günümüz, günümüz ile gelecek arasında iletişim sağlayabilecek uzunlukta doğal ömre sahip olan ağaçlar, anıt ağaçlardır.*" şeklinde yapılmaktadır.

Esasında bu tanımdaki esas kriter ağaçların geçmiş ile günümüz, günümüz ile gelecek arasında kuracağı iletişimdir. Çünkü bu iletişime sahip olan ağaçlar, bir ağacı anıtlaştıran özellikler olan fiziksel boyut ve görsel ayrıcalıkların ya da sosyokültürel özelliklerin en az birine bazen de her ikisine birden sahiptir. Ancak fiziksel özellikler itibariyle gerekli şartları sağlamayan bir ağacın, anıt ağaç sayılamayacağı da bir gerçektir. Yani burada bahsedilen şartların en az bir tanesi fiziksel ayrıcalıklar olmak zorundadır.

Anıt ağaçların ayırt edici özelliklerini içeren yasal tanımı, 19.07.2012 tarih ve 28358 sayılı Korunan Alanların Tespit, Tescil ve Onayına İlişkin Usul ve Esaslara Dair Yönetmelik' in 11. maddesinin 1. fıkrasına göre şu şekildedir:

"*Anıt ağaçların ayırt edici özellikleri aşağıda yer almakta olup; bunlardan bir veya birkaçını taşıyan ağaçlar anıt ağaçlarıdır.*

a) Yaş, çap ve boy itibarıyla kendi türünün alışılmış ölçüleri üzerinde boyutlara sahip olan kuşaklar arasında bağ kurabilecek uzunlukta doğal ömre sahip.

b) Yöre kültüründe olumlu veya olumsuz, gerçek veya hayal ürünü, mistik veya folklorik bir öyküye sahip.

c) Yöresel veya ulusal tarihte kimi olaylar ile özdeş hale gelen ve onlara tanıklık eden.

ç) Görsel açıdan estetik görünüme sahip olan veya doğal görünümden esaslı şekilde sapma gösteren çatal, şamdan, kıvrık, yatay gibi dikkat çekici biçimde fiziksel özelliklere sahip.

d) Aynı gövde ve kök üzerinde iki veya daha fazla türün bir arada yaşaması gibi garip kaynaşma ve birlikte yaşama örnekleri sergileyen, doğal yaşam tarzı bakımından benzerlerinden farklı gelişme niteliklerine sahip.

e) Kent dokusunu tamamlayan, kent imajına etkisi olan grup, dizi veya tek ağaçlar."

3. BÖLÜM
AĞAÇLARI ANITLAŞTIRAN ÖZELLİKLER

Anıt ağaçlar dört grupta toplanır ve (a) Tarihi anıt ağaçlar, (b) Mistik anıt ağaçlar, (c) Folklorik anıt ağaçlar ve (d) Boyutsal anıt ağaçlar olarak isimlendirilir (Genç ve Güner, 2001). Bu isimlendirmeler, ağaçlara anıtsal değer katan özelliklerden ve ayrıcalıklardan kaynaklanmaktadır. Bu özellikler ve ayrıcalıklar aşağıda açıklanmıştır.

Fiziksel Boyut ve Görsel Ayrıcalıklar: Ağaçlara anıtsal nitelik kazandıran esas faktör ağacın dış görünüşündeki görkemdir. Bu özellik kimi zaman boy uzunluğu, çap genişliği, tepe çapı ölçüsü ve yaş gibi fiziksel boyut özelliklerinden kimi zaman da ağacın gövdesindeki ve/veya dallarındaki eksantrik oluşumlar sebebiyle görsel ayrıcalıklardan kaynaklanır. Öyle ki anıt ağaç seçim envanterinde yer alan anıt ağaç değerlendirme formunda ağaçlara en fazla anıtsal puan kazandıran özellikler fiziksel boyut özelliklerinden ve görsel ayrıcalıklardan kaynaklanır. Bu özellikler ve ayrıcalıklar sayesinde anıtsal değer taşıyan ağaçlar, boyutsal anıt ağaç olarak adlandırılır.

Fiziksel Boyut: Bilimsel tanımda vurgulandığı gibi, anıt ağaçların ilk göze çarpan ve insan üzerinde iz bırakan özelliği sahip oldukları olağanüstü fiziksel boyutlarıdır. Fiziksel boyut özellikleri ile anıtlaşmış ağaçlar, insan ruhu ve bilincinde önce merak ve hayranlık sonra da takdir ve saygınlık duygusu uyandırır (Asan, 1991).

Bir ağacın fiziksel özellikleri itibariyle anıt olarak değerlendirilebilmesi için alışılmışın dışında yaş, boy ve çap özelliklerine sahip olması gerekmektedir. Bazı ağaçlar bu 3 kriteri de aynı anda sağlarken bazı ağaçlar da sadece çap ya da sadece yaş gibi tek bir özellik ile anıtlaşabilirler. Özellikle de boy kriteri, ağaçları daha görkemli kılsa da bazı durumlarda yanıltıcı olabilir. Çünkü uzun ömürlü ağaçlar yaşam süreleri boyunca pek çok badire atlamış ağaçlardır. Bu ağaçlar şiddetli fırtına ve dolu yağışları gibi çeşitli sebeplerle tepe çökmesi ve kırılması yaşarlar. Bu doğal müdahaleler ağacın boyunu kısaltarak anıtsal değerinin düşmesine sebep olabilir. Nitekim yaş özellikleri ile anıtlaşmış bazı ağaçların 10-15 metre gibi anıt ağaç olmak değer katmayan boy ölçüsüne sahip oldukları görülmektedir.

Diğer yandan izleyenlerde hayranlık duygusu uyandırmak sureti ile birey ve toplum psikolojisini etkilese de boy ve çap özellikleri bir ağacı anıtlaştırmak için yeterli değildir. Çünkü anıt ağaçların kuşaklar arasında bağ kurabilecek uzunlukta doğal ömre sahip olmaları da zorunludur. Bu zorunluluk nedeniyledir ki, kavak, söğüt, kızılağaç gibi ağaçlar ne denli hacimli ve görkemli olursa olsunlar anıt sayılmazlar (Asan, 2016). Ancak bu ağaçlara sosyokültürel özellikler eklenmesi ile ağaçların anıtsal değeri artabilir ve anıt ağaç sayılabilirler.

Görsel Ayrıcalıklar: Ağaçlara anıtsal nitelik kazandıran görsel ayrıcalıklar, genetik bozukluklardan veya kök, gövde ve dallarından böcek, mantar, hayvan ve insan zararları ile oluşan patolojik veya genetik farklardır. Tamamen göze hitap eden böyle özellikleri bulunan ağaçlar, sergiledikleri farklı dallanma biçimleri, iki ve daha fazla gövdeden oluşan kütlelerdeki sıra dışı kaynaşma şekilleri, devasa kök ve gövdelerinde zaman içinde ortaya çıkan ilginç oluşumları ile kendilerini izleyenlerin belleğinde aynı nesne ve simgeleri çağrıştıran ve bir başka örneği bulunmayan ağaçlardır (Asan, 2016).

Sosyokültürel Özellikler: Yerleşim alanlarındaki anıt ağaçların günümüze kadar yaşayabilmesindeki esas faktör ağaçların sosyokültürel özellikleridir. Günümüzde anıt ağaç olarak kabul gören ağaçların pek çoğu cami, köşk, han, hamam, külliye, türbe vb. gibi tarihi yapıların avlularına ya da köy ve kent meydanlarına dikilmiş ve günümüze kadar ayakta kalabilmiş ağaçlardır. Bu mekânlarda bulunmalarından ve uzun ömürleri boyunca haklarında söylenen folklorik hikâyelerden dolayı halk tarafından benimsenmiş ve günümüze kadar gelebilmişlerdir.

Ağaçları anıtlaştıran sosyokültürel özellikler başlığı altında pek çok başlık açılabilir. Özetle bu özellikler üç başlık altında toplanabilir.

Tarihsel Özellikler: Geçmişten günümüze kadar pek çok medeniyetin ağaçlara verdiği önem tarihi yapıların yakınlarında halen ayakta duran ağaçlardan anlaşılmaktadır. Dikildiği dönemden bugüne pek çok tarihi olaya şahitlik yapan ve zamanla bulunduğu konum ile bütünleşerek peyzajın bir parçası olan ağaçlar, bu tarihsel özellikleri sebebiyle anıtsal değer kazanmaktadır.

Folklorik ve Kültürel Özellikler: Fiziksel özellikler yönünden olağanüstü sayılmasa da yöre kültüründe olumlu veya olumsuz, gerçek veya hayal ürünü, mistik veya folklorik bir öyküye sahip olmak, ağaçlara anıtsal nitelik kazandırmaktadır (Asan, 2016: 65).

İslamiyet'in kabulünden sonra terkedilen ağaç inancı, Osmanlı'da ağaca saygı olarak karşımıza çıkmaktadır. Özellikle çınar ağacı Osmanlı'nın sembollerinden biri haline gelmiştir. Ücra köylerde bile ayazma olarak bilinen çeşme-çınar ikilisine rastlamak mümkündür (Asan, 2016). Günümüzde pek çok şehirde Osmanlı'dan kalma tarihi yapıların yakınlarında ve yerleşme meydanlarında çınar ağacına rastlanmaktadır. Bu ağaçlar boyutsal özelliklerinin yanı sıra kültürel özellikleri ile de anıtlaşmışlardır. Kültürel özellikleri sebebiyle anıtsal değer taşıyan ağaçlar kültürel anıt ağaç olarak adlandırılır.

Mistik Özellikler: Eski Türklerde medeniyetin beşiği olarak kabul edilen ağaca ve ağaç sevgisine çok önem verilirdi. Bu ağaçlar arasında özellikle kayın, çam, kavak, ardıç, çınar önemli yer tutar (Bars, 2014: 382). Günümüzde ağacın kutsallığına olan inanış büyük ölçüde ortadan kalksa da özellikle türbe ve eski mezarlık gibi mekanların yakınlarındaki ağaçların mistik özelliklere sahip olduğu bazı insanlar tarafından düşünülmekte ve bu ağaçlara saygı duyulmaktadır. Bu ağaçların günümüze kadar yaşayabilmesindeki esas faktör, ağaçlara atfedilen mistik özellikler olmuştur. Bu tür ağaçlar taşıdıkları anıtsal değerler neticesinde mistik anıt ağaçlar olarak adlandırılırlar.

4. BÖLÜM

ANIT AĞAÇLARIN ÖNEMİ

Anıt Ağaçların Kültürel ve Estetik Değeri: Anıtsal niteliğe sahip ağaçlar, kentsel ya da kırsal alanlarda her gün karşılaşılan sıradan ağaçlara kıyasla üstün özelliklere sahiptir. Bu nedenle anıtsal ağaçların insanlar üzerinde oluşturduğu etki ve yarattığı duygular farklıdır. Normal insan ömründen 15-20 kat daha uzun yaşayabilen bu ağaçlar, 900-1000 yıllık hayatları boyunca tanık oldukları tarihsel olaylardan ve zamanın kendilerine kazandırdığı görkemli görünüşlerinden ötürü, insan ruhu ve bilincinde önce merak ve hayranlık sonra da takdir ve saygınlık duygusu uyandırırlar (Asan, 1991).

Anıt ağaçlar ayrıca kentsel peyzajın önemli unsurlarındandır. Yaşlı ağaçlar, bir peyzaj düzenlemesine dahil olacaksa mutlaka ağaca göre plan yapılmaktadır. Çünkü uzun ömürlerinden kaynaklanan derin kök sistemleri nedeniyle bu ağaçların yeri değiştirilemez durumdadır. Görkemli yapıları nedeniyle anıt ağaçların bulundukları ortamın estetik değerini artırmaktadır.

Anıt Ağaçların Bilimsel Değeri: Dünyada yaşayan en uzun ömürlü canlılar olan ağaçların yaşam süreleri binlerce yılı bulabilmektedir. Uzun yaşamları boyunca çevrelerinde meydana gelen doğal ve beşerî kaynaklı değişimler ağaçları etkiler. Bu değişimler, mevsimlerin normal döngüsünde değişmesi, heyelan, deprem, çığ, erozyon, orman yangınları, insan kaynaklı hava kirliliği, ormanların seyrekleştirilmesi vb. olabilmektedir. Tüm bu olaylar, meydana geldikleri dönemde ağaçların kök ve/veya gövdelerine kaydedilirler (Akkemik, 2004; Avcı, 2007).

Ağaçlar boydan büyüdükleri gibi yatay yönde de genişlerler. Bu genişleme gövdede kabuğun altından bulunan kambiyum tabakasının bölünerek yıllık halkalar üretmesi şeklinde gerçekleşir. Halkaların oluşumu sırasında ağaçların çevresinde gelişen ve ağaçları etkileyen olaylar yıllık halkalara çeşitli şekillerde yansımaktadır. Bu yansıma halkaların genişliği, odun yoğunluğu ve halkalardaki izler şeklinde karşımıza çıkmaktadır. Yıllık halkaların çevrelerinde meydana gelen olayları bu şekilde kaydetmeleri geçmiş dönemlerdeki doğal çevre şartları hakkında fikir sahibi olmamıza yarayacak önemli bilgilere ulaşılmasına imkân vermektedir (Akkemik, 2004; Avcı, 2007).

Geçmiş dönemlerde meydana gelen doğal ortam değişimlerini tespit etmek için yaşlı ağaçlardan yararlanılmaktadır. Ağaçların halkalarının incelenmesini ve bunun sonucunda geçmiş dönemler hakkında bilgi sahibi olmayı sağlayan bilim dalı dendrokronolojidir. Bu alanda yapılacak çalışmalarda genellikle 10-15 bireylik ağaç gruplarına ihtiyaç duyulmaktadır (Akkemik, 2004). Tek başına ormanlık alanda ya da şehir merkezinde bulunan bir ağacın dendrokronolojik açıdan bilimsel değeri azdır.

Ağaçların türü, konumları ve bulundukları alanda kaç bireylik gruplar halinde oldukları ağaçların dendrokronolojik açıdan bilimsel değere sahip olup olmadıklarını belirler. Bu nedenle anıt ağaçların bilimsel değerinden bahsederken her ağaç için aynı potansiyelden söz etmek mümkün değildir.

Anıt Ağaçların Ekonomik Değeri: Anıtsal niteliğe sahip ağaçlar üstün özellikleri ile dikkat çekmektedir. Özellikler ve ayrıcalıkları sebebiyle koruma altına alınan ağaçlar, tabiat varlıkları olarak kaydedilmektedir. Bu ağaçları koruyarak yararlanma düşüncesinin benimsendiği ekoturizm kapsamında kullanmak ve illerin sahip olduğu varış noktası (destinasyon) sayısını artırmak mümkündür.

Kırsal alanlardaki mahalle meydanlarında, kutsal mekanlarda ya da ormanlık alanlardaki olağanüstü boy, yaş ve çap ölçüsüne sahip ya da yöre kültürü açısından bir öneme ya da mistik bir hikâyeye sahip olan anıt ağaçlar yeni turizm eğilimlerinde turistlerin dikkatini çekmektedir. Ekoturizm faaliyetlerinde anıt ağaçların kullanılması, kırsal alanlara daha fazla turistin ulaşmasına ve kırsal alanlar için alternatif gelir kaynakları oluşmasına imkân vermektedir.

Ayrıca kentsel alandaki bazı anıt ağaçlar da cami, han, hamam, köşk gibi tarihi turistik mekanların bir parçası olarak turizme hizmet ettiği gibi bazıları da kendi başına bir varış noktası yaratabilmektedir. Günümüzde pek çok anıtsal ağacın çevresinde ve yakınlarında restoran ve çay bahçesi gibi işletmeler açılmış ve bu mekanlarda sunulan hizmetlere anıt ağaçlar varlıkları katkı sağlamaktadır.

5. BÖLÜM
TESPİT ÇALIŞMALARINDA KULLANILAN YÖNTEMLER

5.1. Veriler

Türkiye ormanlar, bakım, koruma ve sürdürülebilirlik çalışmalarının daha kolay yürütülebilmesi için 28 orman bölge müdürlüğüne bölünmüştür. Orman bölge müdürlüklerinin kapsama alanı sınırlarının bazı kesimleri il sınırları ile uyuşmaktadır. Ancak kapsama alanları içerisinde birden fazla ile ait araziler yer almaktadır. Samsun ilinin çok büyük bir bölümü Amasya Orman Bölge Müdürlüğü'nün çalışma alanı kapsamında yer almaktadır.

Anıtsal nitelik taşıyan ağaçları tespit etmek için öncelikle orman işletme müdürlükleri ve onlara bağlı orman işletme şeflikleri ile görüşülerek orman müdürlüklerinin ve orman şefliklerinin çalışma alanlarının sınırları hakkında bilgi alınmıştır. Orman Genel Müdürlüğü'ne ait internet sitesindeki bilgilerden de faydalanarak ArcGIS 10.5 programında orman müdürlüklerinin ve orman şefliklerinin sınırları çizilmiştir. Oluşturulan bölge haritası ile orman müdürlüklerinden alınan teorik bilgiler çakıştırıldığında çalışma sahasını ve ağaçların konumunu haritalar üzerinde değerlendirmek mümkün olmuştur.

Çalışmada kullanılan tüm haritalar ArcGIS 10.5 programında üretilmiştir. Sahaya ait 1/25.000 ölçekli sayısal topografya haritalarındaki izohipslerden yararlanarak 10 metre çözünürlüklü Sayısal Yükselti Modeli (SYM) üretilmiştir. Harita Genel Müdürlüğü'nden elde edilen sayısal veriler kullanılarak çalışma sahasının lokasyon haritası ve diğer haritalar üretilmiştir.

Türkiye'nin illerine göre anıt ağaç sayısı verisi Çevre, Şehircilik ve İklim Değişikliği Bakanlığı'ndan alınmıştır. Bu veriler kullanılarak illerdeki anıt ağaç dağılımı haritası üretilmiştir.

Samsun ilindeki tescilli anıt ağaçların tür ve koordinat bilgileri Samsun Çevre, Şehircilik ve İklim Değişikliği İl Müdürlüğü'nden temin edilmiştir. Tespit edilen ağaçların koordinatları arazi çalışmaları sırasında GPS cihazı ile ölçülmüştür. Tüm ağaçların koordinat bilgileri ArcGIS 10.5 programına aktarılarak ağaçların Samsun ilinde konumsal dağılımı yapılmıştır.

Tescilli anıt ağaçların ve arazi çalışmaları ile tespit ettiğimiz anıtsal ağaçların gösterildiği haritalar üretilmiştir. Bu haritalarda her ağaç türü için bir ağaç sembolojisi seçilmiş ve bu sembolojilerin karşılık geldiği ağaç türü haritaların açıklama kısmına eklenmiştir.

Amasya Orman Bölge Müdürlüğü'ne bağlı 13 orman işletme müdürlüğü bulunmaktadır (Şekil 1). Bu işletmeler Samsun, Bafra, Kavak, Vezirköprü, Kargı, İskilip, Çorum, Amasya, Taşova, Erbaa, Tokat, Niksar ve Almus Orman İşletme Müdürlükleri'dir. Bunlar arasında Samsun il sınırları içerisinde faaliyet gösterenler Samsun, Bafra, Kavak ve Vezirköprü Orman İşletme Müdürlükleri'dir.

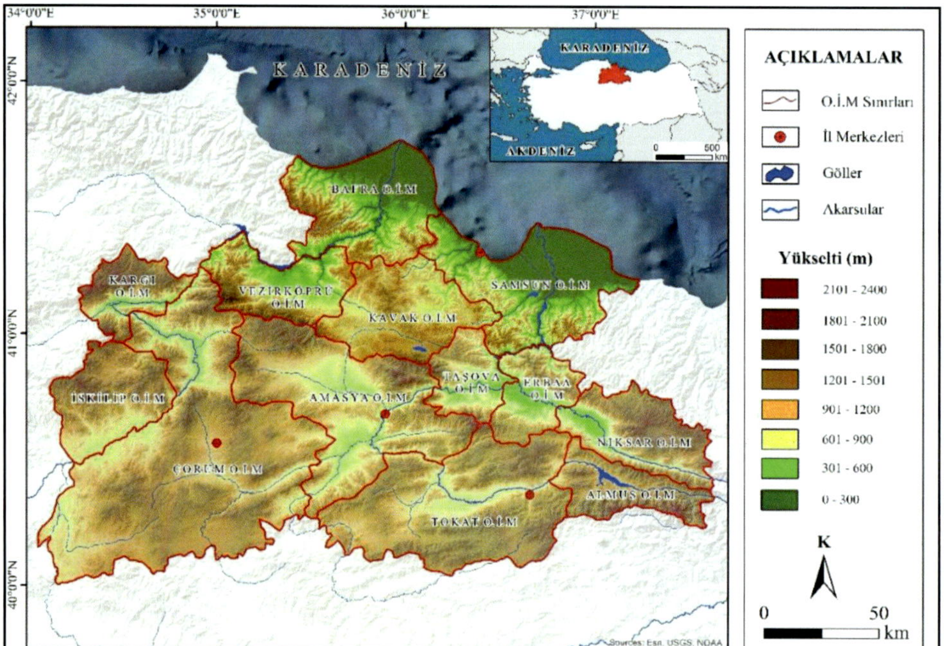

Şekil 1: Amasya Orman Bölge Müdürlüğü'ne bağlı orman işletme müdürlükleri (*Orman Genel Müdürlüğü, 2021*)

Samsun İşletme Müdürlüğü'ne bağlı 9 işletme şefliği, Bafra İşletme Müdürlüğü'ne bağlı 15 işletme şefliği, Kavak Orman İşletme Müdürlüğü'ne bağlı 12 işletme şefliği, Vezirköprü Orman İşletme Müdürlüğü'ne bağlı 12 işletme şefliği Samsun ili sınırları kapsamında faaliyet göstermektedir.

Bu çalışmada Amasya Orman Genel Müdürlüğü'ne bağlı Samsun, Bafra, Kavak ve Vezirköprü İşletme Müdürlükleri'nin Samsun ili sınırları içerisinde kalan çalışma alanları çalışma sahası olarak belirlenmiş ve bu alanlarda arazi çalışması yapılmıştır. Anıtsal nitelikli ağaçların tespiti için yapılan arazi çalışmaları sırasında Samsun'da faaliyet gösteren 4 orman işletme müdürlüğünün ve onlara bağlı orman işletme şefliklerinin çalışma sahalarına gidilerek veri toplanmıştır. Arazi çalışmaları öncesinde ve arazi çalışmaları sırasında orman işletme müdürlerinden ve orman işletme şeflerinden bilgiler alınmıştır. Ormanlarda çap ölçümü yapan personellerden anıtsal nitelik taşıyabileceğini düşündükleri ağaçların konumları hakkında bilgiler alınmıştır.

Arazi çalışmaları sırasında pek çok mahalle muhtarı ve mahalleli ile görüşülerek sözlü tarih araştırması yapılmıştır. Çalışmada ele alınan ağaçların yaşı, insan yaşının erişebileceği yaştan çok daha fazla olduğundan ağaçların dikimine şahitlik eden kimse bulunmamaktadır. Ancak bir dönem ağacı sulamış ya da budamış, ağacın muhafazasını üstlenmiş, gölgesine bir yakınını defnetmiş kişiler ile ağaç arasında zaman içerisinde bir bağ oluştuğundan bu kişilerden ağaçların bulundukları yöre için kültürel değerleri hakkından önemli bilgiler elde edilmiştir.

5.2. Arazi Çalışmaları

Ağaçların sahip olduğu anıtsal değeri hesaplamak ve her ağaç için ayrı doldurulan envanter karnesine yazmak amacıyla ölçülen fiziksel boyut özellikleri şu şekilde hesaplanmıştır:

a. Çap Ölçümü: Ağaçların çap uzunluğunu öğrenmek için, öncelikle yerden 130 cm yükseklikte ağacın gövde çevresi şerit metre ile ölçülmüştür. Daha sonra ölçülen çevre uzunluğu, pi sayısına bölünerek çap uzunluğu hesaplanmıştır.

b. Yaş Hesaplama: Canlı ağaçların yaşını hesaplamak için artım burgusu ile ağaçtan alınan örnekteki yıllık halkalar sayılır (Şekil 2). Yan yana bulunan koyu ve açık renkteki 2 halka bir yıllık dönemi temsil eder. Ağacın kabuk kısmından öz kısmına kadar halkaların sayılması ağacın net yaşını verir.

Kabuktan öze kadar giden örnekler kullanmadan da yaş tahmini yapmak mümkündür. En az 15 cm olmak şartı ile çeşitli uzunluklarda olabilen artım burgusu ile yerden 130 cm yükseklikte kabuktan öze gidecek doğrultuda örnek alınır. Alınan örnekten yararlanılarak ağacın tahmini yaşı şu formülle hesaplanır: (r * YHL) / AKU = (Yarıçap * Artım Kaleminde Bulunan Yıllık Halka Sayısı) / Artım Kaleminin Uzunluğu (Özçelik vd., 1998; Genç ve Güner, 2000; Kavgacı, 2002; Akbulut ve Özcan, 2004; Özçelik, 2006; Palabaş Uzun vd., 2007; Yaman ve Sarıbaş, 2007; Palabaş Uzun vd., 2011).

Öze ulaşmadan yapılan yaş tahmini sonu 0 ve 5 ile biten sayılarla yani 5 yıllık duyarlılıkla belirtilir. Genellikle hesaplanan yaş, aşağıya yuvarlanır. Çünkü ağaçlar genellikle ilk yıllarda geniş halka oluştururken yaş ilerledikçe daha dar halkalar oluştururlar. Artım burgusu ile örnek alınan kısım, ağacın son oluşturduğu halkalar olduğu için daha dardır (Fritts, 1976; Schweingruber, 1989). Bu yüzden hesaplanan yaş, genellikle gerçek yaştan büyük çıkar (Akbulut vd. 2004). Ağaçların bulunduğu arazinin eğim değerleri nedeniyle halkalar yamaç yönüne göre yoğunluk gösterebilir. Bu durumda tek yönlü bir örnek alımında öze ulaşmadan yapılan yaş tahminlerinin hata oranı yüksek olacaktır. Bu durumun önüne geçmek için ağaçlardan genellikle 2 örnek alınmıştır. Alınan örnekler halka sayımlarının yapılacağı laboratuvara kadar kağıt taşıyıcılarda muhafaza edilmiştir.

Bu çalışmada ağaçlardan örnek almak için 30cm uzunluğunda artım burgusu kullanılmıştır. Dolayısıyla formül,

- (r * YHL) / 30 = Ağacın Tahmini Yaşı
- (Yarıçap * Artım Kaleminde Bulunan Yıllık Halka Sayısı) / 30= Ağacın Tahmini Yaşı

şeklinde oluşturulmuştur.

Bu şekilde hesaplanan yaş, tahmini bir değer olduğu için ağacın 1,30 m boya ulaştığı süre (yıl), hesaplanan değere eklenmemiştir.

Bazı durumlarda ağaçlardan alınan örnekler 20-30 cm aralığında değişmektedir. Bu durum ağacın iç kısmındaki kuruma ve kovuk oluşumu ile ilgilidir. Bu durumlarda formül, alınan artım kalemi uzunluğu üzerinden hesaplanmıştır.

Şekil 2: Artım Burgusu ile örnek alınması (solda), Boy ölçümünde kullanılan lazermetre (sağda)

Arazi çalışmaları esnasında ağaçlardan alınan artım kalemlerinin bir kısmı ağacın yanında incelenmiş ve artım kalemindeki halka sayısını bulunarak ağacın tahmini yaşı hesaplanmıştır. Ancak arazi çalışmaları sırasında halkaları sayılamayan bazı örnekler laboratuvar ortamında incelemek üzere alınmıştır. Bu örnekler Ondokuz Mayıs Üniversitesi Coğrafya Bölümü laboratuvarında 0.01 mm (10 mikron) hassasiyetinde incelenmiş ve artım kalemlerinde halka sayısı tespit edilmiştir.

c. Boy Ölçümü: Ağaçların boy ölçümü lazermetre ile yapılmıştır (Şekil 2).

d. Tepe Çapı Ölçümü: Ağaçların kuzey-güney ve doğu-batı açıklıkları ağacın gövdesi merkez alınarak şerit metre ve lazermetre ile ölçülmüştür. Yön tayini için Brunton Pusulası kullanılmıştır.

e. Koordinat Alma: Ağaçların koordinatları GPS cihazı ile ölçülmüştür.

5.3. Ofis Çalışmaları

Bu çalışmada, anıt ağaç envanteri oluşturma ve seçim çalışmalarında kullanılmak üzere (Genç ve Güner, 2001) tarafından geliştirilen ve anıt ağaç seçimi ile ilgili eksiklikleri büyük ölçüde gideren "G-G Yöntemi" olarak adlandırılan yöntem kullanılmıştır. Bu yöntem iki aşamadan oluşmaktadır. İlk aşama, ağaçlarda yapılan ölçümlerin envanter karnelerine kaydedilmesini, ikinci aşama ise ağaçlarda yapılan ölçümlerin birer ölçüt olarak kullanılarak değerlendirilmesi sonucu anıt ağaçların belirlenmesini içermektedir.

Değerlendirme aşamasında ağaçlar "Anıt Ağaç Değerlendirme Formunda" özelliklerine göre puanlanır ve şimdiki anıtsal değerleri (ŞAD) bulunur. Daha sonra "Anıt Ağaçlar İçin Minimal Ölçüler" tablosunda yer alan minimum anıtsal değer (MAD) ile kıyaslanır. Ağaç için hesaplanan şimdiki anıtsal değer (ŞAD) $\geq$ minimum anıtsal değer (MAD) ise o ağaç anıtsal nitelik taşıyan bir ağaçtır.

G-G Yöntemi kullanılan bu çalışmada ağaçlara ait ölçüm değerleri "Anıt Ağaç Envanter Karnelerine" kaydedilmiştir (Şekil 3). Bu çalışmada kullanılan envanter karnesinin yöntemde kullanılan karneden farkı, ağaçların fotoğrafları ve QR kodları için yer bırakılmasıdır.

Ağaçların internet ortamında paylaşımı için bir web sitesi oluşturulmuştur. Ağaç envanter karnelerine yerleştirilen QR kodlar taratıldığında her ağacın kendine özgü web sayfasına yönlendirme yapılmaktadır. Tespit edilen anıt ağaçlar mutlak suretle korunması gereken tabiat varlıkları olduklarından bu ağaçlar için düzenlenen envanter karneleri Samsun Valiliği Çevre, Şehircilik ve İklim Değişikliği İl Müdürlüğü Tabiat Varlılarını Koruma İşlerinden Sorumlu Şube Müdürlüğü ile paylaşılarak tescil başvuruları yapılmıştır. Ayrıca tespit edilen anıtsal ağaçların yer aldığı bir internet sitesi (www.samsunanitsalagaclar.com) açılarak her ağaç için oluşturulan envanter karnesindeki QR kod ile bu internet sitesine erişim imkânı oluşturulmuştur.

<table>
<tr><th colspan="9">ANIT AĞAÇ ENVANTER KARNESİ</th></tr>
<tr><td colspan="4">Tür Adı (Türkçe):</td><td colspan="5">Kod No (1):</td></tr>
<tr><td colspan="4">Tür Adı (Bilimsel):</td><td colspan="5">İl:</td></tr>
<tr><td colspan="4">Mahalle – Önerilen Adı:</td><td colspan="5">İlçe:</td></tr>
<tr><td colspan="4">Ölçüm Tarihi:</td><td colspan="5">Mahalle:</td></tr>
<tr><td colspan="4">Ölçen(ler):</td><td colspan="5">Orman İşletme Müdürlüğü:</td></tr>
<tr><td colspan="4">Pafta No:</td><td colspan="5">Seri:</td></tr>
<tr><td colspan="4">Enlem:</td><td colspan="5">Mevkii:</td></tr>
<tr><td colspan="4">Boylam:</td><td colspan="5">Bölme No:</td></tr>
<tr><td colspan="2">Yükselti (m)</td><td colspan="2">Bakı</td><td colspan="2">Eğim (%)</td><td>Rölyef (2)</td><td colspan="2">Bulunduğu Yer (3)</td></tr>
<tr><td colspan="2">-</td><td colspan="2">-</td><td colspan="2">-</td><td>-</td><td colspan="2">-</td></tr>
<tr><td rowspan="2">Boy (m)</td><td rowspan="2">Tahmini Yaş (Yıl):</td><td colspan="2">Tepe Çapı (m)</td><td colspan="3">Kabuklu Çevre (cm)</td><td colspan="2">Kabuklu Çap (cm)</td></tr>
<tr><td>K-G</td><td>D-B</td><td colspan="2">Toprak Yüzeyi</td><td>Yerden 1,30 m Yükseklikte</td><td>Toprak Yüzeyi</td><td>Yerden 1,30 m Yükseklikte</td></tr>
<tr><td>-</td><td>-</td><td>-</td><td>-</td><td colspan="2">-</td><td>-</td><td>-</td><td>-</td></tr>
<tr><td colspan="2">Mülkiyet Durumu</td><td colspan="2">Özel:</td><td colspan="3">Tüzel:</td><td colspan="2">Devlet:</td></tr>
<tr><td colspan="2">Gövde Özellikleri</td><td colspan="2">Dipte Çatal:</td><td colspan="3">-</td><td colspan="2">Ur – Şişlik:</td></tr>
<tr><td colspan="2">Genel Görünüm</td><td colspan="2">Düzgün:</td><td colspan="2">Budanmamış:</td><td>Budanmış:</td><td colspan="2">Özellikli (4)</td></tr>
<tr><td rowspan="3">Sağlık Durumu</td><td colspan="2" rowspan="3">Sağlıklı:</td><td rowspan="3">Böcek:
Mantar</td><td colspan="2">Tepe Çökmesi</td><td>Yaralı:</td><td colspan="2">Kovuk:</td></tr>
<tr><td>Yeni</td><td>İleri</td><td rowspan="2">Yar. Yerin
Çev.: cm
Gen.: cm</td><td colspan="2" rowspan="2">Kov. Yerin (5)
Çevresi: cm
Genişliği: cm</td></tr>
<tr><td>-</td><td>-</td></tr>
<tr><td colspan="3">Tescil Durumu ve Anıtsal Değeri</td><td colspan="4"></td><td colspan="2" rowspan="3">QR KOD</td></tr>
<tr><td colspan="3">Yöre Folklorundaki Yeri ve Tarihsel Özellikleri</td><td colspan="4"></td></tr>
<tr><td colspan="3">Diğer Açıklamalar ve Öneriler</td><td colspan="4"></td></tr>
<tr><td colspan="4">Foto 1</td><td colspan="5">Foto 2</td></tr>
</table>

Şekil 3: Anıt Ağaç Envanter Karnesi (Genç ve Güner, 2001'den değiştirilerek alınmıştır.)

Kod No: Tür adı (sembol olarak) – Ağacın bulunduğu ilin trafik kodu / Ağacın bulunduğu ilçe / Ağaca, ilçedeki tespit sırasına göre verilen numara (ilçe sınırları dahilinde bulunduğu mahalle – belde – köy)

2 Rölyef: 1=Sırt veya tepe, 2=Üst yamaç, 3=Orta yamaç, 4=Alt yamaç, 5=Vadi tabanı, 6=Düz arazi

3 Bulunduğu Yer: 1=Ormanda, 2=Meşcerede, 3=Grupta (kırsal ve kentsel alanda), 4=Kümede (kırsal ve kentsel alanda), 5=Tek (kırsal alanda), 6=Tek (kent içinde)

4 Özellikli= Normal özelliklerinin dışında kabuk, yaprak, çiçek, meyve veya kozalak rengi ve şekli; dallanma, çatallanma, gövde şekillenmesi vb. özelliklerce farklı (Özelliği Belirtiniz: …….)

5 En geniş yaranın ve/veya kovuğun enlemesine en uzak noktaları arasındaki mesafe (genişlik) ile bulunduğu yerin çevresi ölçülmelidir.

Arazi çalışmaları sırasında her ağaç için ölçülen değerler envanter karnelerine yazılmıştır. Daha sonra bilgisayar ortamına aktarılmıştır. Envanter karnesindeki bilgilere bakılarak, her bir ağacın anıt ağaç değerlendirme formundaki her bir kriterden kaç puan aldığı hesaplanmıştır (Tablo 1). Bu kriterler boy, gövde çapı, tepe çapı, yaş, bulunduğu yer, pozitif özellikler ve negatif özelliklerdir. Bu kriterlerden alınan puanların toplanmasıyla hesaplanan toplam puan, şimdiki anıtsal değer (ŞAD) olarak belirlenmiştir.

Tablo 1: Anıt ağaç değerlendirme formu (Genç ve Güner, 2001)

ANIT AĞAÇ DEĞERLENDİRME FORMU (Türkiye'nin Doğal Türleri İçin)						
ÖĞELER	VERİLEBİLECEK EN FAZLA PUAN	DEĞERLENDİRME BASAMAKLARI	SINIFLARA GÖRE AĞAÇLARA VERİLECEK PUANLAR			PUAN
			I. SINIF	II. SINIF	III. SINIF	
Boy (Bo)	20	→ 05,0 – 07,5	0	0	10	
		→ 08,0 – 10,0	0	0	20	
		→ 10,5 – 15,0	0	6		
		→ 15,5 – 20,0	0	13		
		→ 20,5 – 25,0	0	20		
		→ 25,5 – 30,0	3			
		→ 30,5 – 35,0	6			
		→ 35,5 – 40,0	9			
		→ 40,5 – 45,0	12			
		→ 45,5 – 50,0	16			
		→ > 50 m	20			
Gövde Çapı (GÇ)	30	→ < 50	0	0	10	
		→ 50 - 74	0	6	20	
		→ 75 - 99	0	12	30	
		→ 100 - 124	3	18		
		→ 125 - 149	6	24		
		→ 150 - 174	9	30		
		→ 175 - 199	12			
		→ 200 - 224	15			
		→ 225 – 249	18			
		→ 250 – 274	22			
		→ 275 - 299	26			
		→ ≥ 300 cm	30			
Tepe Çapı (TÇ)	10	→ < 05,0	0		3	
		→ 05,0 – 09,5	2		6	
		→ 10,0 – 14,5	4		10	
		→ 15,0 – 19,5	7			
		→ ≥ 20,0 m	10			
Tahmini Yaş (Ya)	30	→ 100 - 200	3			
		→ 201 - 300	6			
		→ 301 - 400	9			
		→ 401 - 500	12			
		→ 501 – 600	15			
		→ 601 - 700	18			
		→ 701 - 800	21			
		→ 801 - 900	24			
		→ 901 - 1000	27			
		→ > 1000 Yıl	30			

Bulunduğu Yer (BY)	10	→ Ormanda → Meşcerede (Kırsal – Kentsel Alanda) → Grupta (Kırsal – Kentsel Alanda) →Kümede (Kırsal ve Kentsel Alanda → Tek (Kırsal Alanda) → Tek (Kent İçinde)	2 10 9 8 4 6	
Diğer Pozitif Özellikler (PÖ)	10	→ Ağaç için zorunlu yetişme ortamı faktörlerinin korunması mümkün → Sağlıklı → En az bir anıtsal özelliği (boyu, çapı, yaşı gibi) bakımından Dünyada veya Türkiye'de sayılı bir ağaç olması → Özellikli (Doğal halinin dışında kabuk, yaprak, çiçek, meyve veya kozalak, dallanma, çatallanma, gövde şekillenmesi vb. özelliklerce farklı) → Hiçbiri	10 6 9 3 0	
Negatif Özellikler (NÖ)	-10	→ Ağaç için zorunlu yetişme ortamı faktörlerinin korunması mümkün değil → Tepe çökmesi - İlerlemiş (Tepede yoğun kuruma) - Yeni →Böcek-mantar zararı (Tepe çökmesi yoksa değerlendirmeye katılır) → Gövde kovuk ve kovuğun - Genişliği < 1/5 ⊕ - Genişliği = 1/5 - 1/3 ⊕ - Genişliği > 1/3 ⊕ [⊕= Kovuğun Bulunduğu Yerdeki Çevre] → Gövde ve/veya ana dallar yaralı ve yaranın - Genişliği < 1/5 ⊕ - Genişliği = 1/5 - 1/3 ⊕ - Genişliği > 1/3 ⊕ [⊕= Yaranın Bulunduğu Yerdeki Çevre] →Hiçbiri	-10 -8 -6 -8 -2 -3 -4 -1 -2 -3 0	
Şimdiki Anıtsal Değer (ŞAD) = (Bo + GÇ + TÇ + Ya + BY + PÖ+ NÖ = Toplam) ŞAD ≥ MADTür ise, incelenen ağaç "anıt ağaç" olarak ayrılır.				

Şimdiki anıtsal değeri (ŞAD) hesaplanan bir ağacın, anıt ağaç olarak seçilmesi için kendi türüne ait minimal değerden daha fazla puana sahip olması gerekir. "Doğal Orman Ağacı Türlerimize Ait Anıt Ağaçlar İçin Belirlenen Minimal Ölçüler" tablosunda yer alan minimum anıtsal değer (MAD), anıt ağaç olarak seçilmek için gerekli olan taban değeri ifade etmektedir (Tablo 2). Bir ağaç için anıt ağaç değerlendirme formunda hesaplanan ŞAD ≥ MADTür ise, incelenen ağaç "anıt ağaç" olarak ayrılır.

Tablo 2: Doğal orman ağacı türlerimize ait anıt ağaçlar için belirlenen minimal ölçüler (Genç ve Güner, 2001)

TÜRLER	SEMBOL	MİNİMAL ÖLÇÜLER YAŞ (Yıl)	BOY (m)	ÇAP (cm)	TEPE ÇAPI (m)	MAD (Minimum Anıtsal Değer)
BİRİNCİ SINIF AĞAÇLAR (Ortalama Boy ≥ 25 m						
Uludağ Göknarı (*Abies bornmülleriana)*	Gl	200	30	120	6	13
Toros Göknarı (*Abies cilicica)*	Gt	200	30	120	6	13
Kazdağı Göknarı (*Abies equi-trojani)*	Gk	150	30	100	6	13
Doğu Kar. Göknarı (*Abies nordmanniana)*	Gdk	200	30	120	8	13
Anadolu Kestanesi (*Castanea sativa*)	Ks	300	25	150	10	21
Toros Sediri (*Cedrus libani*)	S	450	30	150	10	30
Doğu Kayını (*Fagus orientalis*)	Kn	300	25	120	10	15
Sivri Meyveli Dişbudak (*Fraxinus angustifolia*)	Dşsm	200	25	120	12	15
Adi Dişbudak (*Fraxinus excelsior*)	Dş	200	25	120	12	15
Adi Ceviz (*Juglans regia*)	Cv	400	25	160	20	33
Doğu Ladini (*Picea orientalis*)	L	400	40	140	8	28
Kızılçam (*Pinus brutia*)	Çz	250	30	100	10	18
Karaçam (*Pinus nigra* subsp. *pallasiana*)	Çk	350	30	120	10	21
Sarıçam (*Pinus silvestris*)	Çs	350	30	120	10	21
Doğu Çınarı (*Platanus orientalis*)	Çn	500	25	200	20	39
Dişb. Yapr. Ceviz (*Pterocarya fraxinifolia*)	Cvdy	400	25	120	15	21
Türk Meşesi – Saçlı meşe (*Quercus cerris*)	Ml	400	25	120	20	24
Macar Meşesi (*Quercus frainetto*)	Mc	400	25	120	10	18
Istranca Meşesi (*Quercus hartwissiana*)	Mı	500	25	120	10	21
Sapsız Meşe (*Quercus petrea*)	Mz	400	25	120	20	24
Saplı Meşe (*Quercus robur*)	Ms	500	25	120	20	27
Kasnak Meşesi (*Quercus vulcanica*)	Mk	400	25	120	15	21
Büyük Yapr. Ihlamur (*Tilia plathyphyllos*)	Ihby	300	25	100	15	18
Dağ Karaağacı (*Ulmus glabra*)	Kad	200	25	100	20	18
İKİNCİ SINIF AĞAÇLAR (Ortalama Boy = 11- 25 m)						
Ova Akçaağacı (*Acer campestre*)	Akv	200	15	50	6	19
D.K. Akçaağacı (*Acer cappodocicum*)	Akdk	200	20	80	4	30
Çınar Yapr. Akçaağaç (*Acer platanoides*)	Akçy	200	20	100	6	38
Kayın Gövdeli Akçaağaç (*Acer trautvetteri*)	Akkg	200	20	80	6	32
Adi Gürgen (*Carpinus betulus*)	Gn	400	20	120	10	46
Adi Çitlembik (*Celtis australis*)	Ç	300	20	130	6	47
Türk Fındığı (*Corylus colurna*)	Fnt	300	11	100	10	36

Adi Servi (*Cupresus sempervirens*)	Sr	200	20	100	5	38
Boylu Ardıç (*Juniperus excelsa*)	Arb	400	15	120	8	37
Kokulu Ardıç (*Juniperus foetidissima*)	Ark	500	15	120	10	42
Anadolu Sığla Ağacı (*Liquidambar orientalis*)	Sğ	200	20	80	8	32
Zeytin (*Olea oleaster*)	Zy	500	15	100	12	42
Halep çamı (*Pinus halephensis*)	Çh	250	15	100	8	34
Fıstık çamı (*Pinus pinea*)	Çf	250	15	100	15	39
Pırnal Meşe (*Quercus ilex*)	Mr	300	15	70	6	22
Palamut Meşesi (*Quercus ithaburensis*)	Mp	400	15	120	20	45
Lübnan Meşesi (*Quercus libani*)	Mb	400	15	120	8	37
Tüylü Meşe (*Quercus pubesens*)	Mt	400	15	100	8	37
Adi Porsuk (*Taxus baccata*)	P	400	20	80	10	40
Kafkas Ihlamuru (*Tilia rubra*)	Ihk	300	20	120	8	41
Ova Karaağacı (*Ulmus minor*)	Kav	200	20	100	12	40
Gürgen Yapr. Kayacık (*Zelkova carpinifolia*)	Ky	300	15	100	8	34
ÜÇÜNCÜ SINIF AĞAÇLAR (Ortalama Boy = 5 - 10 m)						
İran Akçağacı (*Acer hyrcanum*)	Akr	200	10	40	3	38
Fransız Akçaağacı (*Acer monspessulanum*)	Akf	200	10	40	4	38
Tatar Akçaağacı (*Acer tataricum*)	Akt	200	8	40	4	38
Tüylü Huş (*Betula litwinowii*)	Ht	200	10	40	6	41
Kızılağaç Yapr. Huş (*Betula medwediewii*)	Hky	200	5	40	4	28
Siğilli Huş (*Betula pubescens*)	Hs	200	10	60	6	51
Doğu Gürgeni (*Carpinus orientalis*)	Gnd	300	7	50	3	41
Harnup (*Ceratonia siliqua*)	Hr	200	8	80	8	61
Çiçekli Dişbudak (*Fraxinus ornus*)	Dşç	300	10	100	6	64
Katran Ardıcı (*Juniperus oxycedrus*)	Ark	200	6	40	3	28
Finike Ardıcı (*Juniperus phoenicea*)	Arf	200	6	40	3	28
Menengiç (*Pistacia terebinthus*)	Mn	300	10	100	6	64
İran Palamut Meşesi (*Quercus brantii*)	Mrp	300	10	50	8	54
Kermes Meşesi (*Quercus coccifera*)	Mkr	300	5	70	6	44
Makedonya Meşesi (*Quercus trojani*)	Mmk	300	10	50	8	54

Bir ağaç için ŞAD ≥ MADTür olduğunda, o ağaç "anıt ağaç" olarak ayrılır. Bu çalışmada toplamda 11 farlı türden 100'den fazla ağaçtan örnek alınmış ve bu ağaçlar arasında şimdiki anıtsal değeri, türünün minimum ölçülerinden fazla olanlar *anıt ağaç* olarak ayrılmıştır. Bu değere çok yakın olan ve bu puan eşiği yakın zamanda geçeceği düşünülen ağaçlar ise *aday anıt ağaç* olarak kaydedilmiştir.

6. BÖLÜM

MEVZUAT VE TESCİL SÜRECİ

2683 sayılı Kültür ve Tabiat Varlılarını Koruma Kanunu'nun halen yürürlükte olan 7. Maddesinin 26/05/2004 tarihli ve 5177 sayılı kanunla değişik 26. Maddesine göre;

"*Korunması gerekli taşınmaz kültür ve tabiat varlıklarının ve doğal sit alanlarının tespiti, Kültür ve Turizm Bakanlığının koordinatörlüğünde ilgili ve faaliyetleri etkilenen kurum ve kuruluşların görüşü alınarak yapılır.*

Yapılacak tespitlerde, kültür ve tabiat varlıklarının tarih, sanat, bölge ve diğer özellikleri dikkate alınır. Devletin imkânları gözönünde tutularak, örnek durumda olan ve ait olduğu devrin özelliklerini yansıtan yeteri kadar eser, korunması gerekli kültür varlığı olarak belirlenir.

Korunması gerekli taşınmaz kültür ve tabiat varlıkları ile ilgili yapılan tespitler koruma bölge kurulu kararı ile tescil olunur."

Kanunda belirtilenin yanı sıra anıt ağaç tespit başvuruları Türkiye'de Çevre, Şehircilik ve İklim Değişikliği Bakanlığı, Araştırma ve Tescil Dairesi Başkanlığı, Tabiat Varlıkları Şube Müdürlüğü tarafından yürütülmektedir. 29.06.2011 tarih ve 644 sayılı Çevre ve Şehircilik Bakanlığı'nın Teşkilat ve Görevleri Hakkında Kanun Hükmünde Kararname'nin Madde 13/A maddesi 1. Fıkrasında;

"Tabiat Varlıklarını Koruma Genel Müdürlüğünün görevleri şunlardır:

a) *Milli parklar, tabiat parkları, tabiat anıtları, tabiatı koruma alanları, sulak alanlar ve benzeri koruma statüsü bulunan diğer alanların tescil, onay ve ilanına dair usul ve esasları belirlemek ve bu alanların sınırlarını tescil etmek.*

b) Tabiat varlıkları ve doğal sit alanları ile özel çevre koruma bölgelerinin tespit, tescil, onay, değişiklik ve ilanına dair usul ve esasları belirlemek ve bu alanların sınırlarını tespit ve tescil etmek, yönetmek ve yönetilmesini sağlamak." ifadeleri yer almaktadır. Bu ifadelerden anlaşılacağı üzere tabiat varlıkları olarak kabul edilen anıt ağaçların tespit ve tescil edilmesi, yönetilmesi ve yönetilmesinin sağlanması Çevre, Şehircilik ve İklim Değişikliği Bakanlığı Tabiat Varlıklarını Koruma Genel Müdürlüğü'nün sorumluluğundadır.

Çevre, Şehircilik ve İklim Değişikliği Bakanlığı Tabiat Varlıklarını Koruma Genel Müdürlüğü internet sitesinde "*Anıt ağaçlara ilişkin işlemlerde başvurular Tabiat Varlıklarını Koruma Bölge Komisyonlarında değerlendirilmek üzere Çevre ve Şehircilik İl Müdürlüklerine yapılır.*" ifadesi yer almaktadır.

Anıt ağaçlarla ilgili ilk detaylı tespit yöntemi çalışması Genç ve Güner tarafından 2001 yılında yapılmıştır. Ağaçları sahip oldukları fiziksel ve konumsal özelliklerine göre puanlayan bu yöntem daha sonraları Türk Standartları Enstitüsü (TSE) tarafından kabul edilmiştir:

19.07.2012 tarih ve 28358 sayılı Korunan Alanların Tespit, Tescil ve Onayına İlişkin Usul ve Esaslara Dair Yönetmelik' in 11. maddesinin 2. Fıkrasına göre "*Anıt ağaçlar Türk Standardları Enstitüsü tarafından hazırlanan TS 13137 Anıt Ağaçlar Envanter Seçim Kuralları ve İşaretleme Standardına göre tespit edilir.*"

Bu standart günümüzde yönetmelikten kaldırılmış olup, yerinde "*Anıt ağaçların tespit edilmesine yönelik hususlar ilke kararı ile belirlenir.*" ifadesi yer almaktadır. Her ne kadar standarttan kaldırılmış olsa da anıt ağaç tespitlerinde bu yöntemden faydalanılmaya devam edilmektedir.

Çevre, Şehircilik ve İklim Değişikliği Bakanlığı Tabiat Varlıklarını Koruma Genel Müdürlüğü internet sitesinde "Anıt Ağaç Tespit Fişi" örneği bulunmaktadır. Bir ya da birden fazla ağacın anıtsal değer taşıdığı düşüldüğünde ve anıt ağaç statüsü için başvuru yapılmak istendiğinde anıt ağaç tespit fişinin doldurularak başvuru yapılması gerekir. Bu tespit fişi Genç-Güner Yöntemi'nde ve aynı zamanda bu çalışmada da kullanılan envanter karnesinin bir benzeridir.

Her ne kadar anıt ağaç başvuru fikri vatandaşlar tarafından ortaya atılsa da ağaçlar üzerinde yapılması gereken ölçümler için makine ve teçhizata ihtiyaç vardır. Ağaçların yaş ve boy hesabı için gerekli cihazların vatandaşlarda olmaması muhtemeldir. Bu nedenle ağaçlar üzerindeki ölçüm işlemleri ve envanter fişinin doldurulması genellikle yetkili kişiler tarafından ya da bilimsel çalışmalar yürütmekte olan araştırmacılar tarafından yapılmaktadır. Burada vatandaşlara düşen görev ise anıtsal değer taşıdığını düşündükleri ağaçları yetkililere bildirmektir.

Tespit edilen ağaçların anıt ağaç olarak tescillenmesi için karar verecek olan kuruluş Çevre, Şehircilik ve İklim Değişikliği İl Müdürlükleridir. Önceden bir proje kapsamında ölçümleri yapılan ve değeri hakkında bilgi sunulan bir ağaç doğrudan anıt ağaç olarak kabul edilebileceği gibi değerlendirme yapan kurul ağacın bakanlığın il müdürlüğüne bağlı birimleri tarafından tekrar ölçülmesini ve değer tespiti yapılmasını talep edebilir. Bazı durumlarda bir ağacın hem görsel özellikleri hem de sosyo-kültürel değeri ile önemli bir doğa mirası olduğu aşikâr olsa da anıt ağaç olarak tescillenmemektedir. Bu ağaçların çoğu bakımsızlık ya da bilinçsiz müdahaleler nedeniyle bir süre sonra yaşamsal özelliklerini yitirmektedir. Yukarıdaki ifadelerden de anlaşılacağı üzere anıt değer taşıyan ağaçların tescillenmesi için standart bir uygulama yoktur. Tescil işlemleri illerde görev yapmakta olan sorumlu kurulun kararlarına bağlıdır. Bu durum farklı illerdeki kurumların konuya ilgi ve yaklaşımının farklı olmasından da kaynaklı olarak illerimizdeki anıt ağaç sayısında büyük farklılıklar görülmektedir. Hatta 2021 yılı haziran ayı verilerine göre bazı illerimizde hiç tescilli anıt ağaç yoktur. Bu durumun önüne geçmek ve ülkemizin sahip olduğu önemli bir değer olan anıt ağaçların tespit edilerek envanterin tamamlanması için tescil işlemleri ile ilgilenen kurulların bu konudaki farkındalığının artırılması gerekmektedir.

7. BÖLÜM

TÜRKİYE'NİN ANIT AĞAÇLARI

İller arasında büyük farklılık göstermekle beraber Türkiye'de toplam 9267 ağaç, anıt ağaç statüsü ile tescillenerek koruma altına alınmıştır (Tablo 3).

Tablo 3: Türkiye'de illere göre anıt ağaç sayısı (Çevre, Şehircilik ve İklim Değişikliği Bakanlığı, 2021)

Adana	25	Kahramanmaraş	9
Adıyaman	8	Karabük	259
Afyonkarahisar	17	Karaman	31
Ağrı	0	Kars	0
Aksaray	6	Kastamonu	72
Amasya	13	Kayseri	19
Ankara	321	Kırıkkale	4
Antalya	177	Kırklareli	24
Ardahan	0	Kırşehir	0
Artvin	3	Kilis	3
Aydın	70	Kocaeli	1256
Balıkesir	1271	Konya	134
Bartın	10	Kütahya	27
Batman	0	Malatya	8
Bayburt	0	Manisa	385
Bilecik	18	Mardin	7
Bingöl	1	Mersin	39
Bitlis	0	Muğla	699
Bolu	22	Muş	0
Burdur	20	Nevşehir	1
Bursa	1250	Niğde	2
Çanakkale	124	Ordu	46
Çankırı	10	Osmaniye	5
Çorum	22	Rize	16
Denizli	102	Sakarya	71
Diyarbakır	4	Samsun	26
Düzce	115	Siirt	2
Edirne	34	Sinop	23
Elazığ	16	Sivas	13
Erzincan	6	Şanlıurfa	49

Erzurum	2	Şırnak	1
Eskişehir	24	Tekirdağ	22
Gaziantep	11	Tokat	45
Giresun	35	Trabzon	90
Gümüşhane	13	Tunceli	1
Hakkari	1	Uşak	118
Hatay	4	Van	0
Iğdır	0	Yalova	446
Isparta	45	Yozgat	2
İstanbul	1084	Zonguldak	377
İzmir	51	**Toplam**	**9267**

Tablo 3 incelendiğinde illere göre tescilli anıt ağaç sayıları arasında önemli farklar olduğu görülmektedir. Bu farklılık, illerin sahip olduğu anıtsal nitelik taşıyan ağaç varlığının farklarından ve illerdeki ilgili kurumların anıt ağaç tespit çalışmalarına verdiği önem farkından kaynaklanmaktadır. Bazı illerde anıt ağaç tespiti önemli bir çalışma alanı olarak görülürken diğer illerde aynı durum söz konusu olmayabilmektedir. Böylece illerdeki tescilli ağaç sayısının arkasındaki neden, illerdeki anıtsal değer taşıyan ağaçların az olmasından ya da olmamasından ziyade bu illerde anıt ağaç tespit çalışmalarına yeterince önem verilmemesi olduğu anlaşılmaktadır.

En fazla anıt ağaca sahip 5 il şu şekildedir: 1271 anıt ağaç ile Balıkesir, 1256 anıt ağaç ile Kocaeli, 1250 anıt ağaç ile Bursa, 1084 anıt ağaç ile İstanbul, 699 anıt ağaç ile Muğla. Bu iller arasında Balıkesir'de Kaz Dağları'nda ve Muğla'da Toros Dağları'nda akademisyenlerin yaptığı çalışmaların anıt ağaç sayısının fazla olmasına büyük katkı sağlamıştır. İstanbul'da ve Bursa'da bulunan ağaçlar, Osmanlı Devleti zamanında çeşitli dönemlerde dikilmiş ve tarihi özellik gösteren ağaçlardır. Ayrıca bu gruba Kocaeli de dahil edildiğinde bu 3 ilin hızla şehirleşmesi ve bu süreçte şehirsel alanda kalan pek çok ağacın kesilme tehdidi yaşaması sebebiyle bu illerdeki anıt ağaç tespit çalışmalarına önem verilmiştir.

Anıt ağaç sayısı en az olan iller 0 değer ile Ağrı, Ardahan, Batman, Bayburt, Bitlis, Iğdır, Kars, Kırşehir, Muş ve Van'dır. İllerdeki anıt ağaç sayısına göre hazırlanan harita incelendiğinde ülkenin batı kesimlerimde anıt ağaç tespit çalışmalarına önem verildiği ancak doğu kesimlerin bu çalışmaların önemsenmediği görülmektedir (Şekil 4).

Ülkemizde akademisyenlerin ve yerel yönetimlerin çalışmaları ile duyarlı vatandaşların başvuruları sayesinde tescillenerek koruma altına alınan anıt ağaç sayısı her geçen gün artmaktadır. 2021 yılı haziran ayı verilerine göre hazırlanan bu tabloda 9267 olarak görülen toplam anıt ağaç sayısı ilerleyen yıllarda 10 bin limitini aşmış olarak karşımıza çıkacaktır.

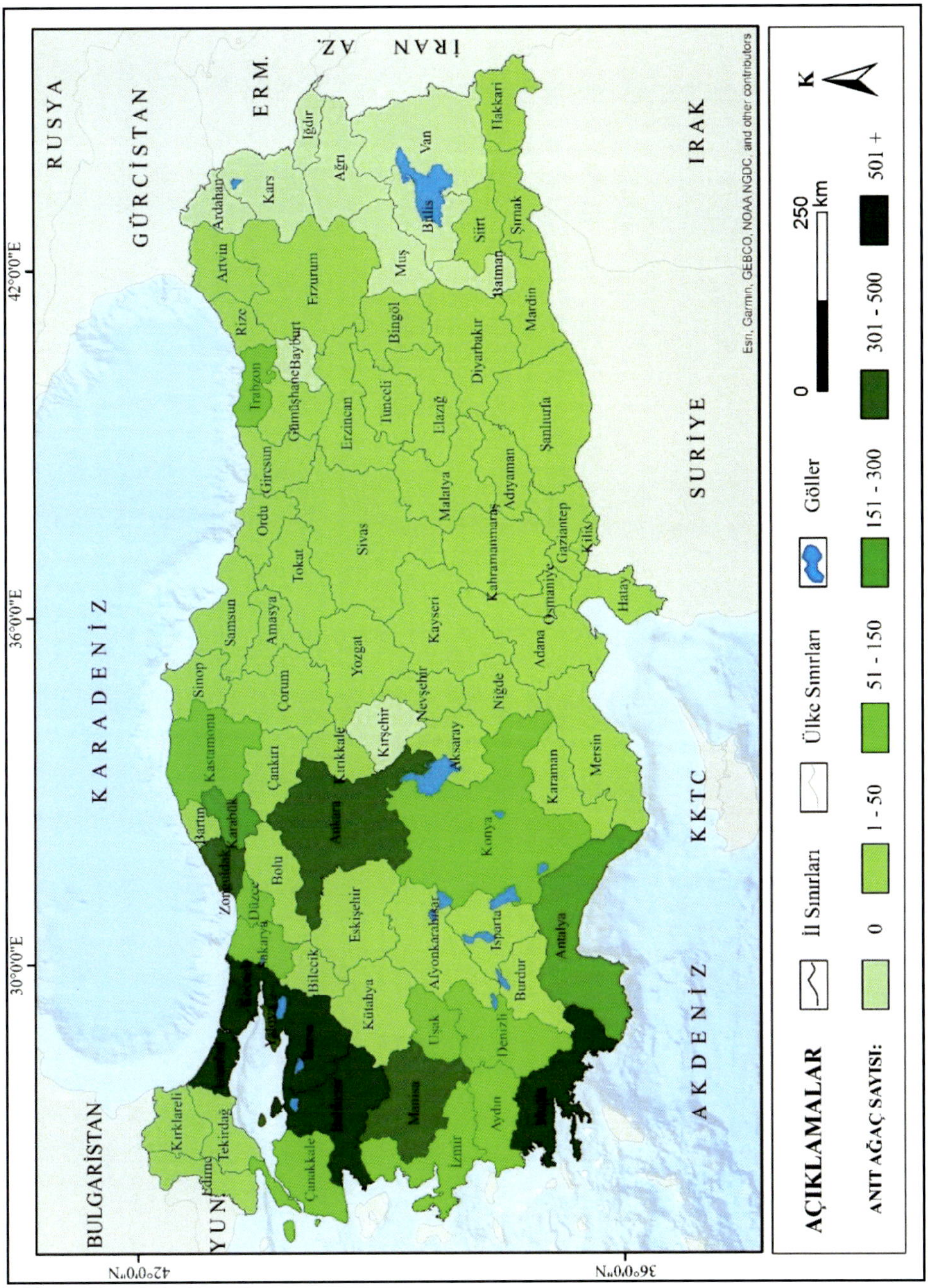

Şekil 4: 2021 Yılı haziran ayı verilerine göre Türkiye'de illere göre anıt ağaç varlığı haritası

8. BÖLÜM

SAMSUN'DAKİ TESCİLLİ ANIT AĞAÇLAR

Samsun ilinde anıt ağaç statüsü ile tescillenerek koruma altına alınmış 25 münferit ağaç ve 1 adet ağaç grubu bulunmaktadır (Tablo 4).

Tablo 4: Samsun ilindeki tescilli anıt ağaçlara ait bilgiler (Samsun Çevre, Şehircilik ve İklim Değişikliği İl Müdürlüğü)

Sıra No	İlçe	Mahalle	Tür	Yaş	Boy	Tepe Çapı	Gövde Çapı
1	Atakum	Çakır Yalı	Doğu Çınarı	180	22	20	215
2	Atakum	Çakır Yalı	Doğu Çınarı	180	20,5	15,4	195
3	Atakum	Yukarıaksu	Doğu Çınarı	220	31	30,65	185
4	İlkadım	Hançerli	Doğu Çınarı	175	28,5	25,5	160
5	İlkadım	Kale	Doğu Çınarı	175	31	15,5	140
6	İlkadım	Pazar	Doğu Çınarı	175	32	21,4	130
7	Tekkeköy	Bakacak	Dişbudak	120	16,5	14,7	125
8	Çarşamba	Çay	Doğu Çınarı	600	35,5	28	310
9	Çarşamba	Hasanbahçe	Doğu Çınarı	600	29	23,3	290
10	Çarşamba	Kirazlık Çay	Doğu Çınarı	600	36	31,6	225
11	Çarşamba	Kızılot	Dişbudak	125	20,2	22,9	130
12	Çarşamba	Kızılot	Dişbudak	125	29	24	140
13	Çarşamba	Kızılot	Dişbudak	125	23	20,8	145
14	Çarşamba	Kızılot	Doğu Çınarı	800	27,5	29,5	410
15	Çarşamba	Yaycılar	Gürgen	170	25	26,5	105
16	Çarşamba	Bafracalı	Doğu Çınarı	350	35	31	205
17	Terme	Kozluk	Adi Ceviz	150	14,5	15,75	110
18	Terme	Oğuzlar	Dişbudak	350	19	27,4	120
19	Vezirköprü	Orta Cami	Doğu Çınarı	275	26	25,1	180
20	Çarşamba	Dikbıyık	Dişbudak	100	15	14	100
21	Terme	Mescitli	Doğu Çınarı	700	32	31	262
22	Bafra	Gökçeağaç	Saçlı Meşe	185	28	23,5	142
23	Tekkeköy	Hamalı	Doğu Çınarı	900	22	25	370
24	Atakum	Büyükoyumca	Doğu Çınarı	210	28	27	210
25	Terme	Fenk	Doğu Çınarı	545	25	33	237
26	İlkadım	Kılıçdede	Gazi Parkı'ndaki ağaçlar				

Tablo 4'de yaş, boy, tepe çapı ve 130 cm yükseklikte çap uzunluğu gibi fiziksel özellikleri ile verilen ve Samsun'un farklı yerlerinde münferit haliyle tescilli olan 25 ağacın 16 tanesi Doğu Çınarı, 6 tanesi Dişbudak, 1 tanesi Gürgen, 1 tanesi Adi Ceviz ve 1 tanesi de Saçlı Meşe tür ve cinslerine ait ağaçlardır. Bu durum, Samsun ilindeki tescilli ağaçların büyük çoğunluğunun Doğu Çınarı türüne ait ağaçlar olduğunu göstermektedir. Tescilli ağaçların dağılış haritası incelendiğinde büyük çoğunluğun ilin kuzey kesiminde ve yer aldığı görülmektedir (Şekil 5).

Samsun ilinde anıt ağaç tescil işlemleri Samsun Çevre, Şehircilik ve İklim Değişikliği İl Müdürlüğü Tabiat Varlıklarını Koruma İşlerinden Sorumlu Şube Müdürlüğü tarafından yürütülmektedir. Şube müdürlüğüne yapılan başvurular ise genellikle vatandaşlar tarafından yapılmaktadır. Başvurular üzerine, içerisinde orman işletme şeflerinin de yer aldığı bir ekip ile ağaçlar üzerinde ölçümler yapılmakta ve ölçüm sonuçları şube müdürlüğü kurullarında değerlendirilmektedir. Değerlendirme sonucunda anıtsal değer taşıdığına karar verilen ağaçlar anıt ağaç olarak ayrılmakta ve tescil kazanmaktadır.

Samsun, 25 tescilli anıt ağaç ve 1 tescilli ağaç grubu ile anıt ağaç varlığı bakımından Türkiye illeri arasında 31. sırada yer almaktadır. Bu durum, Samsun anıtsal değer taşıyan ağaçların az olduğunu değil, anıt ağaç tespit çalışmalarına yeteri kadar önem verilmediğini göstermektedir. İl genelinde yapılacak yeni çalışmalar ile bu sayı zaman içerisinde artacaktır.

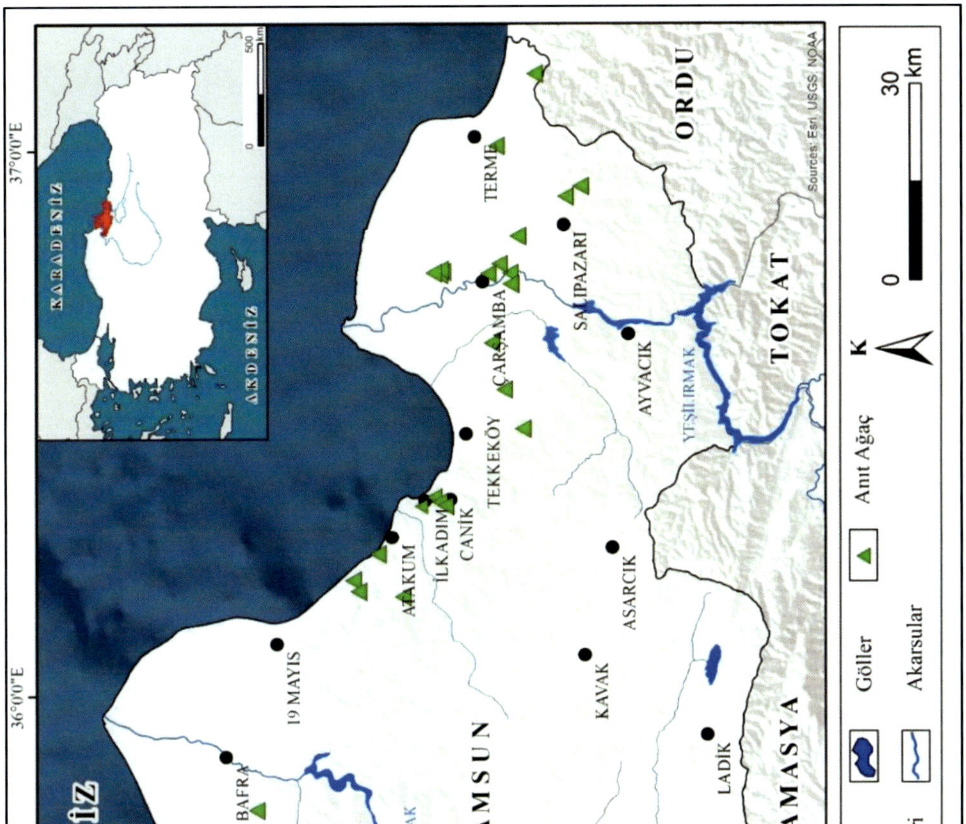

Şekil 5: Samsun ilindeki tescilli anıt ağaçların dağılış haritası

9. BÖLÜM

SAMSUN İLİNDE TESPİT EDİLEN BAZI ANIT AĞAÇLAR

Bu çalışma ile Samsun'da 11 farklı taksona ait anıtsal niteliğe sahip 61 ağaç tespit edilmiştir. Genç-Güner Yöntemi'ne göre bu ağaçlardan 54 tanesi anıt ağaç, 7 tanesi ise aday anıt ağaç olarak kabul görecek değeri taşımaktadır.

Sapsız Meşe (*Quercus petraea*) türüne ait 17 ağaç, Saçlı Meşe (*Quercus cerris*) türüne ait 13 ağaç, Saplı Meşe (*Quercus robur*) türüne ait 8 ağaç, Adi Çitlembik (*Celtis australis*) türüne ait 6 ağaç, Doğu Çınarı (*Platanus orientalis*) türüne ait 5 ağaç, Doğu Kayını (*Fagus orientalis*) türüne ait 3 ağaç, Adi Ceviz (*Juglans regia*) türüne ait 3 ağaç, Sivri Meyveli Dişbudak (*Fraxinus angustifolia*) türüne ait 2 ağaç, Adi Porsuk (*Taxus baccata*) türüne ait 2 ağaç, Karaçam (*Pinus nigra*) türüne ait 1 ağaç ve Boylu Ardıç (*Juniperus excelsa*) türüne ait 1 ağaç tespit edilmiştir (Şekil 6, Tablo 5).

Sapsız Meşe, Saçlı Meşe ve Saplı Meşe olmak üzere toplam 3 türü tespit edilen meşe cinsine ait toplam 38 ağaç tespit edilmiştir. Böylece çalışmada en fazla ağaç tespit edilen cins meşe olmuştur. Çalışmada tespit edilen en yaşlı meşe ağacı, Sapsız Meşe (*Quercus petraea*) türüne ait Dinçer Meşesi'dir. Bu ağacın tahmini yaşı 425 yıl olarak hesaplanmıştır.

Tespit edilen ağaçların en yaşlı olanı Doğu Çınarı (*Platanus orientalis*) türüne ait Bayraklı Çınar 625 yaşında iken en genç olanı Sapsız Meşe (*Quercus petraea*) türüne ait Cemil Bey Meşesi 100 yaşındadır.

Tespit edilen ağaçların 19 tanesi mezarlıklarda yer almaktadır. Mezarlıkta yer alan ağaçların gelişimi ile ilgili iki ihtimal söz konusudur. Birincisi, zaten ağacın bulunduğu alana mezar yapılması ve zamanla alanın geniş bir mezarlığa dönüşmesi, ikincisi ise mezarlık olarak kullanılan alana insanlar tarafından ağaçların dikilmesidir. Her iki durumda da ağacın yakınına ya da gölgesine bir yakınını defneden yöre insanı ile ağaç arasında bir bağ oluşmakta ve insanların bu ağaçlara duyduğu saygı artmaktadır. Mezarlıklardaki ağaçların uzun ömürlü olmasının sebebi yöre insanı ile aralarında kurulan bu bağdan ileri gelmektedir.

Çalışmada tespit edilen 61 ağaca ait bilgilerin ve fotoğrafların yer aldığı envanter karneleri bu bölümde yer alacaktır.

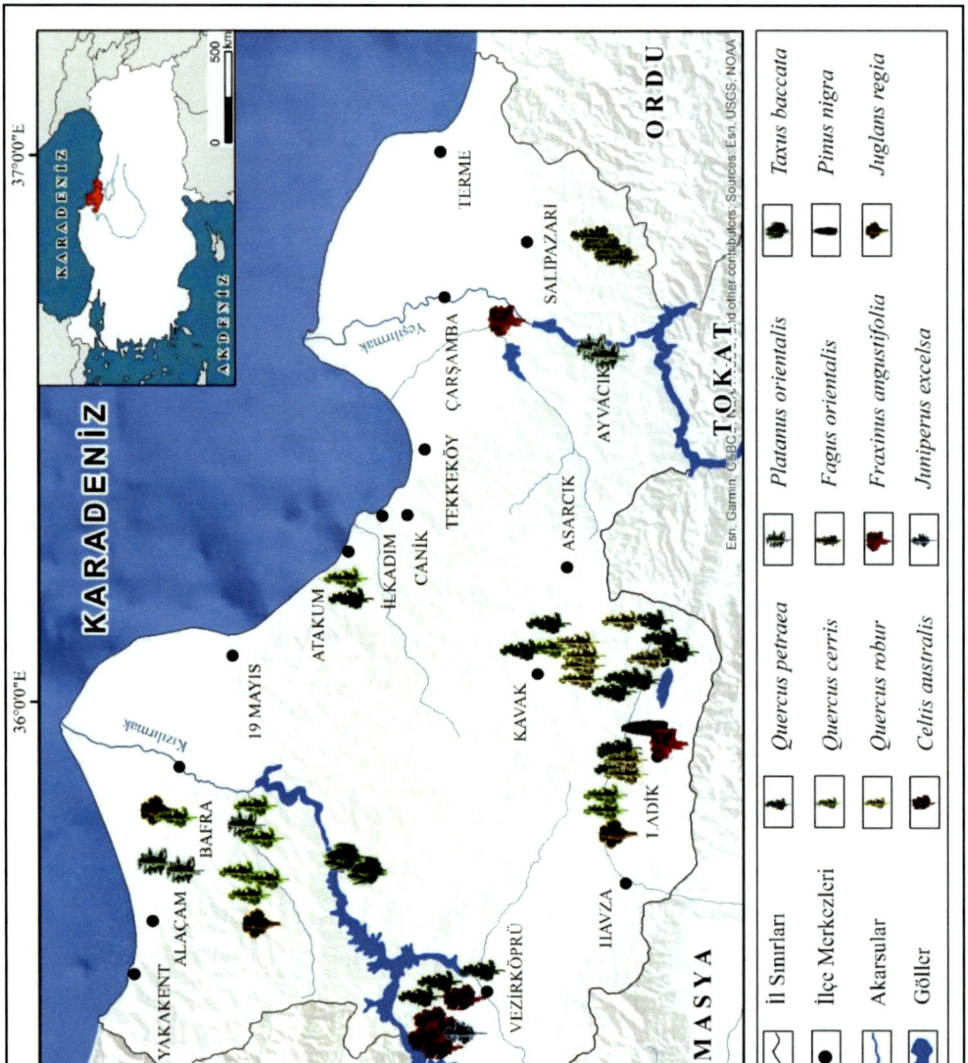

Şekil 6: Samsun'da tespit edilen anıtsal ağaçlar

Tablo 5: Samsun'da tespit edilen tüm anıtsal ağaçlara ait bilgiler

No	Önerilen Adı	Türkçe Adı	Bilimsel Adı	Tahmini Yaş (Yıl)	İlçe	Mahalle	İşletme Müdürlüğü	Kod	Anıtsal Puan	Anıtsal Değer
1	Bayraklı Çınar	Doğu Çınarı	*Platanus orientalis*	625	Alaçam	Yenice	Bafra	Çn – 55 / Bafra / 12 (Yenice)	72 > 39	Boyutsal Anıt Ağaç
2	Aras Çınarı	Doğu Çınarı	*Platanus orientalis*	445	Alaçam	Yenice	Bafra	Çn – 55 / Bafra / 13 (Yenice)	58 > 39	Boyutsal Anıt Ağaç
3	Dinçer Meşesi	Sapsız Meşe	*Quercus petraea*	425	Atakum	Meyvalı	Samsun	Mz – 55 / Atakum / 02 (Karaoyumca)	36 > 24	Boyutsal Anıt Ağaç
4	Semerli Meşe	Sapsız Meşe	*Quercus petraea*	410	Vezirköprü	Samur	Vezirköprü	Mz – 55 / Vezirköprü / 04 (Samur)	31 > 24	Boyutsal Anıt Ağaç
5	Samur Meşesi	Sapsız Meşe	*Quercus petraea*	395	Vezirköprü	Samur	Vezirköprü	Mz – 55 / Vezirköprü / 03 (Samur)	30 > 24	Boyutsal Anıt Ağaç
6	Acar Meşe	Saçlı Meşe	*Quercus cerris*	395	Lâdik	Teberoğlu	Kavak	Ml – 55 / Lâdik / 03 (Teberoğlu)	38 > 24	Boyutsal Anıt Ağaç
7	Saçaklı Ceviz	Adi Ceviz	*Juglans regia*	385	Bafra	Çulhakoca	Bafra	Cv – 55 / Bafra / 04 (Çulhakoca)	33 ≥ 33	Boyutsal Anıt Ağaç
8	Gölgeli Porsuk	Adi Porsuk	*Taxus baccata*	380	Bafra	Akalan	Bafra	P – 55 / Bafra / 08 (Akalan)	57 > 40	Boyutsal Anıt Ağaç
9	İhtiyar Meşe	Saçlı Meşe	*Quercus cerris*	355	Bafra	Çulhakoca	Bafra	Ml – 55 / Bafra / 05 / (Çulhakoca)	37 > 24	Boyutsal Anıt Ağaç
10	Beyaz Çitlembik	Adi Çitlembik	*Celtis australis*	350	Vezirköprü	Örencik	Vezirköprü	Ç – 55 / Vezirköprü / 08 (Örencik)	49 > 47	Boyutsal Anıt Ağaç
11	Çeşmeli Çınar	Doğu Çınarı	*Platanus orientalis*	340	Ayvacık	Orhangazi	Samsun	Çn – 55 / Ayvacık / 01 (Orhangazi)	43 > 39	Boyutsal Anıt Ağaç
12	Arıcı Meşesi	Sapsız Meşe	*Quercus petraea*	335	Lâdik	Arslantaş	Kavak	Mz – 55 / Lâdik / 08 (Arslantaş)	47 > 24	Boyutsal Anıt Ağaç
13	Ocak Meşesi	Sapsız Meşe	*Quercus petraea*	325	Kavak	Kurşunlu	Kavak	Mz – 55 / Kavak / 01 (Kurşunlu)	26 > 24	Boyutsal Anıt Ağaç
14	Üçüz Ardıç	Boylu Ardıç	*Juniperus excelsa*	305	Vezirköprü	Örencik	Vezirköprü	Arb – 55 / Vezirköprü / 09 (Örencik)	45 > 37	Boyutsal Anıt Ağaç
15	Kalaycı Meşesi	Saçlı Meşe	*Quercus cerris*	295	Lâdik	Teberoğlu	Kavak	Ml – 55 / Lâdik / 02 (Teberoğlu)	41 > 24	Boyutsal Anıt Ağaç
16	Taş Çitlembik	Adi Çitlembik	*Celtis australis*	290	Vezirköprü	Beşpınar	Vezirköprü	Ç– 55 / Vezirköprü / 11 (Beşpınar)	48 > 47	Boyutsal Anıt Ağaç
17	Eğri Çınar	Doğu Çınarı	*Platanus orientalis*	285	Ayvacık	Orhangazi	Samsun	Çn – 55 / Ayvacık / 02 (Orhangazi)	31 < 39	Boyutsal Anıt Ağaç
18	Taşlı Meşe	Saçlı Meşe	*Quercus cerris*	285	Bafra	İlyaslı	Bafra	Ml – 55 / Bafra / 03 (İlyaslı)	25 > 24	Boyutsal Anıt Ağaç
19	Alpi Meşesi	Saplı Meşe	*Quercus robur*	280	Kavak	Karapınar	Kavak	Ms – 55 / Kavak / 04 (Karapınar)	37 > 27	Boyutsal Anıt Ağaç
20	Kunduz Meşesi	Sapsız Meşe	*Quercus petraea*	275	Vezirköprü	Sofular	Vezirköprü	Mz – 55 / Vezirköprü / 14 (Sofular)	32 > 24	Boyutsal Anıt Ağaç
21	Ak Çitlembik	Adi Çitlembik	*Celtis australis*	260	Vezirköprü	Akören	Vezirköprü	Ç – 55 / Vezirköprü / 02 (Akören)	70 > 47	Boyutsal Anıt Ağaç
22	Kambur Çam	Karaçam	*Pinus nigra*	260	Lâdik	Hasırcı	Kavak	Çk – 55 / Lâdik / 13 (Hasırcı)	28 > 21	Boyutsal Anıt Ağaç
23	Gizli Ceviz	Adi Ceviz	*Juglans regia*	260	Lâdik	Hamamayağı	Kavak	Cv – 55 / Lâdik / 01 (Hamamayağı	33 ≥ 33	Boyutsal Anıt Ağaç

24	Aslı Meşe	Saplı Meşe	*Quercus robur*	255	Kavak	Karapınar	Kavak	Ms – 55 / Kavak / 07 (Karapınar)	34 > 27	Boyutsal Anıt Ağaç
25	Şen Meşe	Saplı Meşe	*Quercus robur*	250	Lâdik	Karaabdal	Kavak	Ms – 55 / Lâdik / 16 (Karaabdal)	43 > 27	Boyutsal Anıt Ağaç
26	Dikili Dişbudak	Sivri Meyveli Dişbudak	*Fraxinus angustifolia*	245	Lâdik	Hamit	Kavak	Dşsm – 55 / Lâdik / 14 (Hamit)	28 > 15	Boyutsal Anıt Ağaç
27	Damarlı Kayın	Doğu Kayını	*Fagus orientalis*	240	Salıpazarı	Tahnal	Samsun	Kn – 55 / Salıpazarı / 02 (Tahnal)	40 > 15	Boyutsal Anıt Ağaç
28	Bahadır Meşe	Sapsız Meşe	*Quercus petraea*	240	Lâdik	Güvenli	Kavak	Mz – 55 / Lâdik / 19 (Güvenli)	48 > 24	Boyutsal Anıt Ağaç
29	Sarmaşık Çınar	Doğu Çınarı	*Platanus orientalis*	240	Bafra	İlyaslı	Bafra	Çn – 55 / Bafra / 02 (İlyaslı)	30 < 39	Boyutsal Anıt Ağaç
30	Yamalı Çitlembik	Adi Çitlembik	*Celtis australis*	240	Vezirköprü	Örencik	Vezirköprü	Ç – 55 / Vezirköprü / 07 (Örencik)	38 < 47	Aday Anıt Ağaç
31	Evsiz Meşe	Saçlı Meşe	*Quercus cerris*	240	Kavak	Kurşunlu	Kavak	Ml – 55 / Kavak / 03 (Kurşunlu)	31 > 24	Boyutsal Anıt Ağaç
32	Kollu Meşe	Saplı Meşe	*Quercus robur*	240	Lâdik	Arslantaş	Kavak	Ms – 55 / Lâdik / 07 (Arslantaş)	34 > 27	Boyutsal Anıt Ağaç
33	Çerkez Meşesi	Sapsız Meşe	*Quercus petraea*	230	Lâdik	Kabacagöz	Kavak	Mz – 55 / Lâdik / 09 (Kabacagöz)	36 > 24	Boyutsal Anıt Ağaç
34	Taşlı Çitlembik	Adi Çitlembik	*Celtis australis*	215	Vezirköprü	Örencik	Vezirköprü	Ç – 55 / Vezirköprü / 06 (Örencik)	34 < 47	Aday Anıt Ağaç
35	Yalnız Ceviz	Adi Ceviz	*Juglans regia*	210	Bafra	Kelikler	Bafra	Cv – 55 / Bafra / 10 (Kelikler)	27 < 33	Aday Anıt Ağaç
36	Köklü Kayın	Doğu Kayını	*Fagus orientalis*	205	Salıpazarı	Tahnal	Samsun	Kn – 55 / Salıpazarı / 01 (Tahnal)	37 > 15	Boyutsal Anıt Ağaç
37	Çorak Meşe	Sapsız Meşe	*Quercus petraea*	200	Lâdik	Kabacagöz	Kavak	Mz – 55 / Lâdik / 10 (Kabacagöz)	36 > 24	Boyutsal Anıt Ağaç
38	Nazlı Kayın	Doğu Kayını	*Fagus orientalis*	195	Salıpazarı	Tahnal	Samsun	Kn – 55 / Salıpazarı / 03 (Tahnal)	28 > 15	Boyutsal Anıt Ağaç
39	Evli Meşe	Sapsız Meşe	*Quercus petraea*	190	Kavak	Kurşunlu	Kavak	Mz – 55 / Kavak / 02 (Kurşunlu)	24 ≥ 24	Boyutsal Anıt Ağaç
40	Yüksek Meşe	Sapsız Meşe	*Quercus petraea*	185	Lâdik	Güvenli	Kavak	Mz – 55 / Lâdik / 17 (Güvenli)	28 > 24	Boyutsal Anıt Ağaç
41	Şapkalı Dişbudak	Sivri Meyveli Dişbudak	*Fraxinus angustifolia*	180	Çarşamba	Kurtahmetli	Samsun	Dşsm – 55 / Çarşamba /01 (Kurtahmetli)	41 > 15	Boyutsal Anıt Ağaç
42	Nur Meşesi	Saplı Meşe	*Quercus robur*	180	Kavak	Karapınar	Kavak	Ms – 55 / Kavak / 05 (Karapınar)	34 > 27	Boyutsal Anıt Ağaç
43	Yanık Meşe	Saçlı Meşe	*Quercus cerris*	180	Bafra	Çulhakoca	Bafra	Ml – 55 / Bafra / 06 / (Çulhakoca)	27 > 24	Boyutsal Anıt Ağaç
44	Gazi Meşesi	Saçlı Meşe	*Quercus cerris*	175	Vezirköprü	Habibfakı	Vezirköprü	Ml – 55 / Vezirköprü / 12 (Habibfakı)	34 > 24	Boyutsal Anıt Ağaç
45	Gür Meşe	Saçlı Meşe	*Quercus cerris*	170	Vezirköprü	Habibfakı	Vezirköprü	Ml – 55 / Vezirköprü / 13 (Habibfakı)	34 > 24	Boyutsal Anıt Ağaç
46	Abla Meşesi	Sapsız Meşe	*Quercus petraea*	170	Lâdik	İbi	Kavak	Mz – 55 / Lâdik / 04 (İbi)	28 > 24	Boyutsal Anıt Ağaç
47	Uzun Meşesi	Saçlı Meşe	*Quercus cerris*	170	Vezirköprü	Ağcayazı	Vezirköprü	Ml – 55 / Vezirköprü / 10 (Ağcayazı)	34 > 24	Boyutsal Anıt Ağaç

48	Çetin Meşe	Saplı Meşe	*Quercus robur*	165	Lâdik	Kabacagöz	Kavak	Ms – 55 / Lâdik / 12 (Kabacagöz)	27 ≥ 27	Boyutsal Anıt Ağaç
49	Kırmızı Çitlembik	Adi Çitlembik	*Celtis australis*	160	Vezirköprü	Örencik	Vezirköprü	Ç – 55 / Vezirköprü / 05 (Örencik)	37 < 47	Aday Anıt Ağaç
50	Kelikler Meşesi	Saçlı Meşe	*Quercus cerris*	160	Bafra	Kelikler	Bafra	Ml – 55 / Bafra / 11 (Kelikler)	21 < 24	Aday Anıt Ağaç
51	Afacanlar Meşesi	Sapsız Meşe	*Quercus petraea*	155	Vezirköprü	Çalköy	Vezirköprü	Mz – 55 / Vezirköprü / 01 (Çalköy)	34 > 24	Boyutsal Anıt Ağaç
52	Yahya Bey Meşesi	Saçlı Meşe	*Quercus cerris*	150	Atakum	Alanlı	Atakum	Ml – 55 / Atakum / 01 (Alanlı)	27 > 24	Boyutsal Anıt Ağaç
53	Ağabey Meşesi	Sapsız Meşe	*Quercus petraea*	150	Lâdik	İbi	Kavak	Mz – 55 / Lâdik / 05 (İbi)	28 > 24	Boyutsal Anıt Ağaç
54	Kolsuz Meşe	Saplı Meşe	*Quercus robur*	150	Lâdik	Arslantaş	Kavak	Ms – 55 / Lâdik / 06 (Arslantaş)	31 > 27	Boyutsal Anıt Ağaç
55	Çay Meşesi	Sapsız Meşe	*Quercus petraea*	150	Lâdik	Kabacagöz	Kavak	Mz – 55 / Lâdik / 11 (Kabacagöz)	21 < 24	Aday Anıt Ağaç
56	Gizli Porsuk	Adi Porsuk	*Taxus baccata*	130	Bafra	Akalan	Bafra	P – 55 / Bafra / 09 (Akalan)	33 < 40	Aday Anıt Ağaç
57	Ay Meşesi	Saplı Meşe	*Quercus robur*	130	Kavak	Karapınar	Kavak	Ms – 55 / Kavak / 06 (Karapınar)	31 > 27	Boyutsal Anıt Ağaç
58	Çiçekli Meşe	Sapsız Meşe	*Quercus petraea*	125	Lâdik	Güvenli	Kavak	Mz – 55 / Lâdik / 18 (Güvenli)	31 > 24	Boyutsal Anıt Ağaç
59	Kanlı Meşe	Saçlı Meşe	*Quercus cerris*	125	Bafra	Kanlıgüney	Bafra	Ml – 55 / Bafra / 07 (Kanlıgüney)	31 > 24	Boyutsal Anıt Ağaç
60	Huysuz Meşe	Saçlı Meşe	*Quercus cerris*	120	Bafra	Kamberli	Bafra	Ml – 55 / Bafra / 01 (Kamberli)	28 > 24	Boyutsal Anıt Ağaç
61	Cengiz Bey Meşesi	Sapsız Meşe	*Quercus petraea*	100	Lâdik	Büyükalan	Kavak	M – 55 / Lâdik / 15 (Büyükalan)	29 > 24	Boyutsal Anıt Ağaç

Şekil 6'daki haritada gösterilen ve Tablo 5'de bilgileri verilen ağaçları ait envanter karneleri sonraki sayfalarda yer almaktadır. Ağaçlara ait envanter karnelerinin sıralaması arazi çalışmaları neticesinde ağaçların tespit edildiği ve ölçümlerin gerçekleştirildiği sırayla yapılmıştır. Envanter karnelerinde ağaçların *tür adı, önerilen adı, ölçüm tarihi, enlem, boylam, il, ilçe, mahalle, yükselti, boy, yaş, tepe çapı, çere, sağlık durumu* gibi önemli bazı bilgileri yer almaktadır. Ağaçlara ait bilgilerin bu şekilde sunulmasının sebebi anıt ağaç envanterine geçilmesi için hazır bulunmalarını sağlama düşüncesinden kaynaklanmaktadır.

Ayrıca her ağaç için oluşturulan envanter karnesine bir QR kod yerleştirilmiştir. Bu kodlar okuyucuyu Samsun'un anıt ağaçları için oluşturulan web adresine yönlendirmektedir. Burada her ağaç için ayrı bir sayfa oluşturulmuştur. Bu nedenle her ağacın kodu farklı olacak şekilde oluşturulmuştur. Ağaca ait kod okutulduğunda bilgilerinin ve konum bilgisinin yer aldığı web sitesinde ağaç için oluşturulan sayfa ziyaret edilebilmektedir.

ANIT AĞAÇ ENVANTER KARNESİ	
Tür Adı (Türkçe): Saçlı Meşe	Kod No: Ml – 55 / Atakum / 01 (Alanlı)
Tür Adı (Bilimsel): *Quercus cerris*	İl: Samsun
Önerilen Adı: Yahya Bey Meşesi	İlçe: Atakum
Ölçüm Tarihi: 16.08.2021	Mahalle: Alanlı
Ölçen(ler):	Orman İşletme Müdürlüğü: Samsun
Pafta No:	Seri:
Enlem: 41.332340	Mevkii:
Boylam: 36.218860	Bölme No:

Yükselti (m)	Bakı	Eğim (%)	Rölyef	Bulunduğu Yer
171	-	-	1	5

Boy (m)	**Tahmini Yaş (Yıl):**	**Tepe Çapı (m)**		**Kabuklu Çevre (cm)**		**Kabuklu Çap (cm)**	
		K-G	D-B	Toprak Yüzeyi	Yerden 1,30 m Yükseklikte	Toprak Yüzeyi	Yerden 1,30 m Yükseklikte
20	150	18	20,5	3,40	3,10	108	98

Mülkiyet Durumu	Özel: X	Tüzel:			Devlet:
Gövde Özellikleri	Dipte Çatal: Yok	-			Ur – Şişlik: Yok
Genel Görünüm	Düzgün: X	Budanmamış: X		Budanmış:	Özellik: Yok
Sağlık Durumu	Sağlıklı: X	Böcek: Mantar:	Tepe Çökmesi: Yeni - / İleri -	Yaralı: Yar. Yerin Çev.: cm Gen.: cm	Kovuk: Kovuklu Yerin Çevresi: cm Genişliği: cm

Tescil Durumu ve Anıtsal Değeri	Tescilli değil. Anıtsal Puanı: 27 ŞAD 27 > MAD 24
Yöre Folklorundaki Yeri ve Tarihsel Özellikleri	
Diğer Açıklamalar ve Öneriler	Boyutsal Anıt Ağaç olarak kaydedilmesi gerekmektedir.

Şekil 7: Ml – 55 / Atakum / 01 (Alanlı) kodlu ağaca ait envanter karnesi

<table>
<tr><th colspan="8">ANIT AĞAÇ ENVANTER KARNESİ</th></tr>
<tr><td colspan="4">Tür Adı (Türkçe): Sapsız Meşe</td><td colspan="4">Kod No: Mz – 55 / Atakum / 02 (Karaoyumca)</td></tr>
<tr><td colspan="4">Tür Adı (Bilimsel): Quercus petraea</td><td colspan="4">İl: Samsun</td></tr>
<tr><td colspan="4">Önerilen Adı: Dinçer Meşesi</td><td colspan="4">İlçe: Atakum</td></tr>
<tr><td colspan="4">Ölçüm Tarihi: 16.08.2021</td><td colspan="4">Mahalle: Karaoyumca</td></tr>
<tr><td colspan="4">Ölçen(ler):</td><td colspan="4">Orman İşletme Müdürlüğü: Samsun</td></tr>
<tr><td colspan="4">Pafta No:</td><td colspan="4">Seri:</td></tr>
<tr><td colspan="4">Enlem: 41.326210</td><td colspan="4">Mevkii:</td></tr>
<tr><td colspan="4">Boylam: 36.181993</td><td colspan="4">Bölme No:</td></tr>
<tr><td colspan="2">Yükselti (m)</td><td colspan="2">Bakı</td><td>Eğim (%)</td><td>Rölyef</td><td colspan="2">Bulunduğu Yer</td></tr>
<tr><td colspan="2">252</td><td colspan="2">-</td><td>-</td><td>6</td><td colspan="2">5</td></tr>
<tr><td rowspan="2">Boy (m)</td><td rowspan="2">Tahmini Yaş (Yıl):</td><td colspan="2">Tepe Çapı (m)</td><td colspan="2">Kabuklu Çevre (cm)</td><td colspan="2">Kabuklu Çap (cm)</td></tr>
<tr><td>K-G</td><td>D-B</td><td>Toprak Yüzeyi</td><td>Yerden 1,30 m Yükseklikte</td><td>Toprak Yüzeyi</td><td>Yerden 1,30 m Yükseklikte</td></tr>
<tr><td>14</td><td>425</td><td>15,5</td><td>14,2</td><td>400</td><td>360</td><td>127</td><td>114</td></tr>
<tr><td>Mülkiyet Durumu</td><td>Özel: X</td><td colspan="3">Tüzel:</td><td colspan="3">Devlet:</td></tr>
<tr><td>Gövde Özellikleri</td><td>Dipte Çatal:</td><td colspan="3">-</td><td colspan="3">Ur – Şişlik: Yok</td></tr>
<tr><td>Genel Görünüm</td><td>Düzgün: X</td><td colspan="2">Budanmamış: X</td><td>Budanmış:</td><td colspan="3">Özellik: Yok</td></tr>
<tr><td rowspan="3">Sağlık Durumu</td><td rowspan="3">Sağlıklı: X</td><td rowspan="3">Böcek: Mantar:</td><td colspan="2">Tepe Çökmesi</td><td>Yaralı:</td><td colspan="2">Kovuk:</td></tr>
<tr><td>Yeni</td><td>İleri</td><td rowspan="2">Yar. Yerin Çev.: cm Gen.: cm</td><td colspan="2" rowspan="2">Kovuklu Yerin Çevresi: cm Genişliği: cm</td></tr>
<tr><td>-</td><td>-</td></tr>
<tr><td colspan="2">Tescil Durumu ve Anıtsal Değeri</td><td colspan="4">Tescilli değil. Anıtsal Puanı: 36
ŞAD 36 > MAD 24</td><td colspan="2" rowspan="3"></td></tr>
<tr><td colspan="2">Yöre Folklorundaki Yeri ve Tarihsel Özellikleri</td><td colspan="4"></td></tr>
<tr><td colspan="2">Diğer Açıklamalar ve Öneriler</td><td colspan="4">Boyutsal Anıt Ağaç olarak kaydedilmesi gerekmektedir.</td></tr>
</table>

Şekil 8: Mz – 55 / Atakum / 02 (Meyvalı) kodlu ağaca ait envanter karnesi

ANIT AĞAÇ ENVANTER KARNESİ

Tür Adı (Türkçe): Sivri Meyveli Dişbudak	Kod No: Dşsm – 55 / Çarşamba /01 (Kurtahmetli)
Tür Adı (Bilimsel): *Fraxinus angustifolia*	İl: Samsun
Önerilen Adı: Şapkalı Dişbudak	İlçe: Çarşamba
Ölçüm Tarihi: 18.08.2021	Mahalle: Kurtahmetli
Ölçen(ler):	Orman İşletme Müdürlüğü: Samsun
Pafta No:	Seri:
Enlem: 41.105117	Mevkii:
Boylam: 36.692229	Bölme No:

Yükselti (m)	Bakı	Eğim (%)	Rölyef	Bulunduğu Yer
33	-	-	6	3

Boy (m)	**Tahmini Yaş (Yıl):**	**Tepe Çapı (m)**		**Kabuklu Çevre (cm)**		**Kabuklu Çap (cm)**	
		K-G	D-B	Toprak Yüzeyi	Yerden 1,30 m Yükseklikte	Toprak Yüzeyi	Yerden 1,30 m Yükseklikte
23	180	33	35,5	550	480	175	152

Mülkiyet Durumu	Özel: X	Tüzel:		Devlet:
Gövde Özellikleri	Dipte Çatal: Yok	-		Ur – Şişlik: Yok
Genel Görünüm	Düzgün: X	Budanmamış: X	Budanmış:	Özellikli: Yok

Sağlık Durumu	Sağlıklı X	Böcek: Mantar:	Tepe Çökmesi		Yaralı: Yok	Kovuk: Yok
			Yeni	İleri	Yar. Yerin Çev.: cm Gen.: cm	Kovuklu Yerin Çevresi: cm Genişliği: cm
			-	-		

Tescil Durumu ve Anıtsal Değeri	Tescilli değil. Anıtsal Puan: 41 ŞAD 41 > MAD 15
Yöre Folklorundaki Yeri ve Tarihsel Özellikleri	
Diğer Açıklamalar ve Öneriler	Boyutsal Anıt Ağaç olarak kaydedilmesi gerekmektedir.

Şekil 9: Dşsm – 55 / Çarşamba /01 (Kurtahmetli) kodlu ağaca ait envanter karnesi

ANIT AĞAÇ ENVANTER KARNESİ	
Tür Adı (Türkçe): Doğu Çınarı	Kod No: Çn – 55 / Ayvacık / 01 (Orhangazi)
Tür Adı (Bilimsel): *Platanus orientalis*	İl: Samsun
Önerilen Adı: Çeşmeli Çınar	İlçe: Ayvacık
Ölçüm Tarihi: 18.08.2021	Mahalle: Orhangazi
Ölçen(ler):	Orman İşletme Müdürlüğü: Samsun
Pafta No:	Seri:
Enlem: 40.988460	Mevkii:
Boylam: 36.629870	Bölme No:

Yükselti (m)	Bakı	Eğim (%)	Rölyef	Bulunduğu Yer
90	-	-	6	6

Boy (m)	**Tahmini Yaş (Yıl):**	**Tepe Çapı (m)**		**Kabuklu Çevre (cm)**		**Kabuklu Çap (cm)**	
		K-G	D-B	Toprak Yüzeyi	Yerden 1,30 m Yükseklikte	Toprak Yüzeyi	Yerden 1,30 m Yükseklikte
27	340	20,5	19,5	600	540	190	171

Mülkiyet Durumu	Özel:		Tüzel:		Devlet: X
Gövde Özellikleri	Dipte Çatal: Yok		-		Ur – Şişlik: Yok
Genel Görünüm	Düzgün: X		Budanmamış:	Budanmış: X	Özellik: Yok
Sağlık Durumu	Sağlıklı:	Böcek: Mantar:	Tepe Çökmesi Yeni: - / İleri: -	Yaralı: Yar. Yerin Çev.: cm Gen.: cm	Kovuk: Var Kovuklu Yerin Çevresi: 600 cm Genişliği: 170 cm

Tescil Durumu ve Anıtsal Değeri	Tescilli değil. Anıtsal Puan: 43 ŞAD 43 > MAD39
Yöre Folklorundaki Yeri ve Tarihsel Özellikleri	
Diğer Açıklamalar ve Öneriler	Boyutsal Anıt Ağaç olarak kaydedilmesi gerekmektedir.

Şekil 10: Çn – 55 / Ayvacık / 01 (Orhangazi) kodlu ağaca ait envanter karnesi

ANIT AĞAÇ ENVANTER KARNESİ	
Tür Adı (Türkçe): Doğu Çınarı	Kod No: Çn – 55 / Ayvacık / 02 (Orhangazi)
Tür Adı (Bilimsel): *Platanus orientalis*	İl: Samsun
Önerilen Adı: Eğri Çınar	İlçe: Ayvacık
Ölçüm Tarihi: 18.08.2021	Mahalle: Orhangazi
Ölçen(ler):	Orman İşletme Müdürlüğü: Samsun
Pafta No:	Seri:
Enlem: 40.988000	Mevkii:
Boylam: 36.631000	Bölme No:

Yükselti (m)	Bakı	Eğim (%)	Rölyef	Bulunduğu Yer
90	-	-	6	6

Boy (m)	**Tahmini Yaş (Yıl):**	**Tepe Çapı (m)**		**Kabuklu Çevre (cm)**		**Kabuklu Çap (cm)**	
		K-G	D-B	Toprak Yüzeyi	Yerden 1,30 m Yükseklikte	Toprak Yüzeyi	Yerden 1,30 m Yükseklikte
17,5	285	15,5	14,5	430	400	136	127

Mülkiyet Durumu	Özel:	Tüzel:		Devlet: X
Gövde Özellikleri	Dipte Çatal: Yok	-		Ur – Şişlik: Yok
Genel Görünüm	Düzgün:	Budanmamış:	Budanmış: X	Özellik: Yok

Sağlık Durumu	Sağlıklı	Böcek: Mantar:	Tepe Çökmesi		Yaralı:	Kovuk:
			Yeni	İleri	Yar. Yerin Çev.: cm Gen.: cm	Kov. Yerin Çev: 300 cm Genişliği 120 cm
			-	-		

Tescil Durumu ve Anıtsal Değeri	Tescilli değil. Anıtsal Puan: 31 ŞAD 31 < MAD 39
Yöre Folklorundaki Yeri ve Tarihsel Özellikleri	
Diğer Açıklamalar ve Öneriler	Aday Anıt Ağaç olarak kaydedilmesi gerekmektedir.

Şekil 11: Çn – 55 / Ayvacık / 02 (Orhangazi) kodlu ağaca ait envanter karnesi

ANIT AĞAÇ ENVANTER KARNESİ	
Tür Adı (Türkçe): Doğu Kayını	Kod No: Kn – 55 / Salıpazarı / 01/ (Tahnal)
Tür Adı (Bilimsel): *Fagus orientalis*	İl: Samsun
Önerilen Adı: Köklü Kayın	İlçe: Salıpazarı
Ölçüm Tarihi: 21.08.2021	Mahalle: Tahnal
Ölçen(ler):	Orman İşletme Müdürlüğü: Samsun
Pafta No:	Seri:
Enlem: 40.955858	Mevkii:
Boylam: 36.791397	Bölme No:

Yükselti (m)	Bakı	Eğim (%)	Rölyef	Bulunduğu Yer
1065	-	-	2	1

Boy (m)	**Tahmini Yaş (Yıl):**	**Tepe Çapı (m)**		**Kabuklu Çevre (cm)**		**Kabuklu Çap (cm)**	
		K-G	D-B	Toprak Yüzeyi	Yerden 1,30 m Yükseklikte	Toprak Yüzeyi	Yerden 1,30 m Yükseklikte
26	205	20	20,5	450	400	143	127

Mülkiyet Durumu	Özel:	Tüzel:		Devlet: X
Gövde Özellikleri	Dipte Çatal: Yok	-		Ur – Şişlik: Yok
Genel Görünüm	Düzgün: X	Budanmamış: X	Budanmış:	Özellik: Kök Şekillenmesi

Sağlık Durumu			Tepe Çökmesi		Yaralı:	Kovuk:
	Sağlıklı X	Böcek: Mantar:	Yeni	İleri	Yar. Yerin Çev.: cm Gen.: cm	Kovuklu Yerin Çevresi: cm Genişliği: cm
			-	-		

Tescil Durumu ve Anıtsal Değeri	Tescilli değil. Anıtsal Değer: 37 ŞAD 37 > MAD 15
Yöre Folklorundaki Yeri ve Tarihsel Özellikleri	
Diğer Açıklamalar ve Öneriler	Boyutsal Anıt Ağaç olarak kaydedilmesi gerekmektedir.

Şekil 12: Kn – 55 / Salıpazarı / 01/ (Tahnal) kodlu ağaca ait envanter karnesi

ANIT AĞAÇ ENVANTER KARNESİ	
Tür Adı (Türkçe): Doğu Kayını	Kod No: Kn – 55 / Salıpazarı / 02/ (Tahnal)
Tür Adı (Bilimsel): *Fagus orientalis*	İl: Samsun
Önerilen Adı: Damarlı Kayın	İlçe: Salıpazarı
Ölçüm Tarihi: 21.08.2021	Mahalle: Tahnal
Ölçen(ler):	Orman İşletme Müdürlüğü: Samsun
Pafta No:	Seri:
Enlem: 40.956192	Mevkii:
Boylam: 36.791788	Bölme No:

Yükselti (m)	Bakı	Eğim (%)	Rölyef	Bulunduğu Yer
1063	-	-	2	1

Boy (m)	**Tahmini Yaş (Yıl):**	**Tepe Çapı (m)**		**Kabuklu Çevre (cm)**		**Kabuklu Çap (cm)**	
		K-G	D-B	Toprak Yüzeyi	Yerden 1,30 m Yükseklikte	Toprak Yüzeyi	Yerden 1,30 m Yükseklikte
26	240	20	19	550	480	175	152

Mülkiyet Durumu	Özel:	Tüzel:		Devlet:
Gövde Özellikleri	Dipte Çatal: Yok	-		Ur – Şişlik: Yok
Genel Görünüm	Düzgün: X	Budanmamış: X	Budanmış:	Özellik: Yok

Sağlık Durumu	Sağlıklı	Böcek: Mantar:	Tepe Çökmesi		Yaralı:	Kovuk:
	X		Yeni	İleri	Yar. Yerin Çev.: cm Gen.: cm	Kovuklu Yerin Çevresi: cm Genişliği: cm
			-	-		

Tescil Durumu ve Anıtsal Değeri	Tescilli değil. Anıtsal Değer: 40 ŞAD 40 > MAD 15
Yöre Folklorundaki Yeri ve Tarihsel Özellikleri	
Diğer Açıklamalar ve Öneriler	Boyutsal Anıt Ağaç olarak kaydedilmesi gerekmektedir.

Şekil 13: Kn – 55 / Salıpazarı / 02/ (Tahnal) kodlu ağaca ait envanter karnesi

ANIT AĞAÇ ENVANTER KARNESİ	
Tür Adı (Türkçe): Doğu Kayını	Kod No: Kn – 55 / Salıpazarı / 03/ (Tahnal)
Tür Adı (Bilimsel): *Fagus orientalis*	İl: Samsun
Önerilen Adı: Nazlı Kayın	İlçe: Salıpazarı
Ölçüm Tarihi: 21.08.2021	Mahalle: Tahnal
Ölçen(ler):	Orman İşletme Müdürlüğü: Samsun
Pafta No:	Seri:
Enlem: 40.956524	Mevkii:
Boylam: 36.792185	Bölme No:

Yükselti (m)	Bakı	Eğim (%)	Rölyef	Bulunduğu Yer
1062	-	-	2	1

Boy (m)	**Tahmini Yaş (Yıl):**	**Tepe Çapı (m)**		**Kabuklu Çevre (cm)**		**Kabuklu Çap (cm)**	
		K-G	D-B	Toprak Yüzeyi	Yerden 1,30 m Yükseklikte	Toprak Yüzeyi	Yerden 1,30 m Yükseklikte
25,5	195	20,5	18	420	380	133	120

Mülkiyet Durumu	Özel:	Tüzel:		Devlet: X
Gövde Özellikleri	Dipte Çatal: Yok	-		Ur – Şişlik: Yok
Genel Görünüm	Düzgün:	Budanmamış: X	Budanmış:	Özellik: Yok

Sağlık Durumu	Sağlıklı:	Böcek: Mantar:	Tepe Çökmesi		Yaralı:	Kovuk:
			Yeni	İleri	Yar. Yerin Çev.: cm Gen.: cm	Kovuklu Yerin Çevresi: 400 cm Genişliği: 110 cm
			-	-		

Tescil Durumu ve Anıtsal Değeri	Tescilli değil. Anıtsal Değer: 28 ŞAD 28 > MAD 15
Yöre Folklorundaki Yeri ve Tarihsel Özellikleri	
Diğer Açıklamalar ve Öneriler	Boyutsal Anıt Ağaç olarak kaydedilmesi gerekmektedir.

Şekil 14: Kn – 55 / Salıpazarı / 03/ (Tahnal) kodlu ağaca ait envanter karnesi

ANIT AĞAÇ ENVANTER KARNESİ	
Tür Adı (Türkçe): Saçlı Meşe	Kod No: Ml – 55 / Bafra / 01 (Kamberli)
Tür Adı (Bilimsel): *Quercus cerris*	İl: Samsun
Önerilen Adı: Huysuz Meşe	İlçe: Bafra
Ölçüm Tarihi: 23.08.2021	Mahalle: Kamberli
Ölçen(ler):	Orman İşletme Müdürlüğü: Bafra
Pafta No:	Seri:
Enlem: 41.468788	Mevkii:
Boylam: 35.778151	Bölme No:

Yükselti (m)	Bakı	Eğim (%)	Rölyef	Bulunduğu Yer
290	-	-	3	4

Boy (m)	**Tahmini Yaş (Yıl):**	**Tepe Çapı (m)**		**Kabuklu Çevre (cm)**		**Kabuklu Çap (cm)**	
		K-G	D-B	Toprak Yüzeyi	Yerden 1,30 m Yükseklikte	Toprak Yüzeyi	Yerden 1,30 m Yükseklikte
20	120	16,5	16	300	250	95	79

Mülkiyet Durumu	Özel:	Tüzel:		Devlet: X
Gövde Özellikleri	Dipte Çatal: Yok	-		Ur – Şişlik: Yok
Genel Görünüm	Düzgün: X	Budanmamış: X	Budanmış:	Özellik: Yok

Sağlık Durumu			Tepe Çökmesi		Yaralı:	Kovuk:
	Sağlıklı X	Böcek: Mantar:	Yeni	İleri	Yar. Yerin Çev.: cm Gen.: cm	Kovuklu yerin Çevresi: cm Genişliği: cm
			-	-		

Tescil Durumu ve Anıtsal Değeri	Tescilli değil. Anıtsal Puan :28 ŞAD 28 > MAD 24
Yöre Folklorundaki Yeri ve Tarihsel Özellikleri	
Diğer Açıklamalar ve Öneriler	Boyutsal Anıt Ağaç olarak kaydedilmesi gerekmektedir.

Şekil 15: Ml – 55 / Bafra / 01 (Kamberli) kodlu ağaca ait envanter karnesi

ANIT AĞAÇ ENVANTER KARNESİ	
Tür Adı (Türkçe): Doğu Çınarı	Kod No: Çn – 55 / Bafra / 02 (İlyaslı)
Tür Adı (Bilimsel): *Platanus orientalis*	İl: Samsun
Önerilen Adı: Sarmaşık Çınar	İlçe: Bafra
Ölçüm Tarihi: 23.08.2021	Mahalle: İlyaslı
Ölçen(ler):	Orman İşletme Müdürlüğü: Bafra
Pafta No:	Seri:
Enlem: 41.473779	Mevkii:
Boylam: 35.771636	Bölme No:

Yükselti (m)	Bakı	Eğim (%)	Rölyef	Bulunduğu Yer
92	-	-	5	5

Boy (m)	**Tahmini Yaş (Yıl):**	**Tepe Çapı (m)**		**Kabuklu Çevre (cm)**		**Kabuklu Çap (cm)**	
		K-G	D-B	Toprak Yüzeyi	Yerden 1,30 m Yükseklikte	Toprak Yüzeyi	Yerden 1,30 m Yükseklikte
21	240	10,5	10,5	540	500	171	159

Mülkiyet Durumu	Özel:	Tüzel:		Devlet: X
Gövde Özellikleri	Dipte Çatal: Yok	-		Ur – Şişlik: Yok
Genel Görünüm	Düzgün:	Budanmamış:	Budanmış: X	Özellik: Yok

Sağlık Durumu	Sağlıklı:	Böcek: Mantar:	Tepe Çökmesi		Yaralı:	Kovuk: Var
			Yeni	İleri	Yar. Yerin Çev.: cm Gen.: cm	Kovuklu yerin Çevresi: 500 cm Genişliği: 100 cm
			-	-		

Tescil Durumu ve Anıtsal Değeri	Tescilli değil. Anıtsal Puan: 30 ŞAD 30 < MAD 39
Yöre Folklorundaki Yeri ve Tarihsel Özellikleri	
Diğer Açıklamalar ve Öneriler	Aday Anıt Ağaç olarak kaydedilmesi gerekmektedir.

Şekil 16: Çn – 55 / Bafra / 02 (İlyaslı) kodlu ağaca ait envanter karnesi

ANIT AĞAÇ ENVANTER KARNESİ	
Tür Adı (Türkçe): Saçlı Meşe	Kod No: Ml – 55 / Bafra / 03 (İlyaslı)
Tür Adı (Bilimsel): *Quercus cerris*	İl: Samsun
Önerilen Adı: Taşlı Meşe	İlçe: Bafra
Ölçüm Tarihi: 23.08.2021	Mahalle: İlyaslı
Ölçen(ler):	Orman İşletme Müdürlüğü: Bafra
Pafta No:	Seri:
Enlem: 41.469748	Mevkii:
Boylam: 35.766660	Bölme No:

Yükselti (m)	Bakı	Eğim (%)	Rölyef	Bulunduğu Yer
230	-	-	3	1

Boy (m)	**Tahmini Yaş (Yıl):**	**Tepe Çapı (m)**		**Kabuklu Çevre (cm)**		**Kabuklu Çap (cm)**	
		K-G	D-B	Toprak Yüzeyi	Yerden 1,30 m Yükseklikte	Toprak Yüzeyi	Yerden 1,30 m Yükseklikte
17	285	10,5	10,5	400	360	127	114

Mülkiyet Durumu	Özel: X	Tüzel:		Devlet:
Gövde Özellikleri	Dipte Çatal: Yok	-		Ur – Şişlik: Yok
Genel Görünüm	Düzgün: X	Budanmamış X	Budanmış:	Özellik: Yok

Sağlık Durumu	Sağlıklı:	Böcek: Mantar:	Tepe Çökmesi		Yaralı:	Kovuk: Var
			Yeni	İleri	Yar. Yerin Çev.: cm Gen.: cm	Kovuklu yerin Çevresi: cm Genişliği: cm
			-	-		

Tescil Durumu ve Anıtsal Değeri	Tescilli değil. Anıtsal Puan: 25 ŞAD 25 > MAD 24
Yöre Folklorundaki Yeri ve Tarihsel Özellikleri	
Diğer Açıklamalar ve Öneriler	Boyutsal Anıt Ağaç olarak kaydedilmesi gerekmektedir.

Şekil 17: Ml – 55 / Bafra / 03 (İlyaslı) kodlu ağaca ait envanter karnesi

ANIT AĞAÇ ENVANTER KARNESİ	
Tür Adı (Türkçe): Adi Ceviz	Kod No: Cv – 55 / Bafra / 04 (Çulhakoca)
Tür Adı (Bilimsel): *Juglans regia*	İl: Samsun
Önerilen Adı: Saçaklı Ceviz	İlçe: Bafra
Ölçüm Tarihi: 25.08.2021	Mahalle: Çulhakoca
Ölçen(ler):	Orman İşletme Müdürlüğü: Bafra
Pafta No:	Seri:
Enlem: 41.471531	Mevkii:
Boylam: 35.652861	Bölme No:

Yükselti (m)	Bakı	Eğim (%)	Rölyef	Bulunduğu Yer
762	-	-	3	5

Boy (m)	**Tahmini Yaş (Yıl):**	**Tepe Çapı (m)**		**Kabuklu Çevre (cm)**		**Kabuklu Çap (cm)**	
		K-G	D-B	Toprak Yüzeyi	Yerden 1,30 m Yükseklikte	Toprak Yüzeyi	Yerden 1,30 m Yükseklikte
11	385	13	8	420	400	133	127

Mülkiyet Durumu	Özel: X	Tüzel:		Devlet:
Gövde Özellikleri	Dipte Çatal: Yok	-		Ur – Şişlik: Yok
Genel Görünüm	Düzgün:	Budanmamış: X	Budanmış:	Özellik: Kök şekillenmesi

Sağlık Durumu	Sağlıklı:	Böcek: Mantar:	Tepe Çökmesi		Yaralı:	Kovuk:
			Yemi	İleri	Yar. Yerin Çev.: cm Gen.: cm	Kovuklu yerin Çevresi: cm Genişliği: cm
			-	X		

Tescil Durumu ve Anıtsal Değeri	Tescilli değil. Anıtsal Puan: 33 ŞAD 33 ≥ MAD 33
Yöre Folklorundaki Yeri ve Tarihsel Özellikleri	
Diğer Açıklamalar ve Öneriler	Boyutsal Anıt Ağaç olarak kaydedilmesi gerekmektedir.

Şekil 18: Cv – 55 / Bafra / 04 (Çulhakoca) kodlu ağaca ait envanter karnesi

ANIT AĞAÇ ENVANTER KARNESİ	
Tür Adı (Türkçe): Saçlı Meşe	Kod No: Ml – 55 / Bafra / 05 / (Çulhakoca)
Tür Adı (Bilimsel): *Quercus cerris*	İl: Samsun
Önerilen Adı: İhtiyar Meşe	İlçe: Bafra
Ölçüm Tarihi: 25.08.2021	Mahalle: Çulhakoca
Ölçen(ler):	Orman İşletme Müdürlüğü: Bafra
Pafta No:	Seri:
Enlem: 41.471603	Mevkii:
Boylam: 35.653219	Bölme No:

Yükselti (m)	Bakı	Eğim (%)	Rölyef	Bulunduğu Yer
762	-	-	3	4

Boy (m)	**Tahmini Yaş (Yıl):**	**Tepe Çapı (m)**		**Kabuklu Çevre (cm)**		**Kabuklu Çap (cm)**	
		K-G	D-B	Toprak Yüzeyi	Yerden 1,30 m Yükseklikte	Toprak Yüzeyi	Yerden 1,30 m Yükseklikte
12	355	10,5	10,5	450	400	143	127

Mülkiyet Durumu	Özel: X		Tüzel:		Devlet:
Gövde Özellikleri	Dipte Çatal: X		-		Ur – Şişlik: Yok
Genel Görünüm	Düzgün:		Budanmamış: X	Budanmış:	Özellik: Yok
Sağlık Durumu	Sağlıklı:	Böcek: Mantar:	Tepe Çökmesi: Yeni - İleri -	Yaralı: Yar. Yerin Çev.: cm Gen.: cm	Kovuk: Kovuklu yerin Çevresi: cm Genişliği: cm
Tescil Durumu ve Anıtsal Değeri		Tescilli değil. Anıtsal Puan: 37 ŞAD 37 > MAD 24			
Yöre Folklorundaki Yeri ve Tarihsel Özellikleri					
Diğer Açıklamalar ve Öneriler		Boyutsal Anıt Ağaç olarak kaydedilmesi gerekmektedir.			

Şekil 19: Ml – 55 / Bafra / 05 / (Çulhakoca) kodlu ağaca ait envanter karnesi

ANIT AĞAÇ ENVANTER KARNESİ	
Tür Adı (Türkçe): Saçlı Meşe	Kod No: Ml – 55 / Bafra / 06 / (Çulhakoca)
Tür Adı (Bilimsel): *Quercus cerris*	İl: Samsun
Önerilen Adı: Yanık Meşe	İlçe: Bafra
Ölçüm Tarihi: 25.08.2021	Mahalle: Çulhakoca
Ölçen(ler):	Orman İşletme Müdürlüğü: Bafra
Pafta No:	Seri:
Enlem: 41.477126	Mevkii:
Boylam: 35.667880	Bölme No:

Yükselti (m)	Bakı	Eğim (%)	Rölyef	Bulunduğu Yer
640	-	-	3	5

Boy (m)	Tahmini Yaş (Yıl):	Tepe Çapı (m)		Kabuklu Çevre (cm)		Kabuklu Çap (cm)	
		K-G	D-B	Toprak Yüzeyi	Yerden 1,30 m Yükseklikte	Toprak Yüzeyi	Yerden 1,30 m Yükseklikte
12	180	11	10,5	370	330	117	105

Mülkiyet Durumu	Özel: X	Tüzel:		Devlet:
Gövde Özellikleri	Dipte Çatal: Yok	-		Ur – Şişlik: Yok
Genel Görünüm	Düzgün: X	Budanmamış: X	Budanmış:	Özellik: Yok

Sağlık Durumu	Sağlıklı:	Böcek: Mantar:	Tepe Çökmesi		Yaralı:	Kovuk:
			Yeni	İleri	Yar. Yerin Çev.: cm Gen.: cm	Kovuklu yerin Çevresi: cm Genişliği: cm
			-	-		

Tescil Durumu ve Anıtsal Değeri	Tescilli değil. Anıtsal Puan: 27 ŞAD 27 > MAD 24
Yöre Folklorundaki Yeri ve Tarihsel Özellikleri	
Diğer Açıklamalar ve Öneriler	Boyutsal Anıt Ağaç olarak kaydedilmesi gerekmektedir.

Şekil 20: Ml – 55 / Bafra / 06 / (Çulhakoca) kodlu ağaca ait envanter karnesi

ANIT AĞAÇ ENVANTER KARNESİ	
Tür Adı (Türkçe): Saçlı Meşe	Kod No: Ml – 55 / Bafra / 07 / (Kanlıgüney)
Tür Adı (Bilimsel): *Quercus cerris*	İl: Samsun
Önerilen Adı: Kanlı Meşe	İlçe: Bafra
Ölçüm Tarihi: 26.08.2021	Mahalle: Kanlıgüney
Ölçen(ler):	Orman İşletme Müdürlüğü: Bafra
Pafta No:	Seri:
Enlem: 41.444479	Mevkii:
Boylam: 35.672282	Bölme No:

Yükselti (m)	Bakı	Eğim (%)	Rölyef	Bulunduğu Yer
650	-	-	3	4

Boy (m)	**Tahmini Yaş (Yıl):**	**Tepe Çapı (m)**		**Kabuklu Çevre (cm)**		**Kabuklu Çap (cm)**	
		K-G	D-B	Toprak Yüzeyi	Yerden 1,30 m Yükseklikte	Toprak Yüzeyi	Yerden 1,30 m Yükseklikte
25,5	125	19	16	350	290	111	92

Mülkiyet Durumu	Özel:	Tüzel:		Devlet: X
Gövde Özellikleri	Dipte Çatal: Yok	-		Ur – Şişlik: Yok
Genel Görünüm	Düzgün:	Budanmamış: X	Budanmış:	Özellik: Yok

Sağlık Durumu	Sağlıklı: X	Böcek: Mantar:	Tepe Çökmesi		Yaralı:	Kovuk:
			Yeni	İleri	Yar. Yerin Çev.: cm Gen.: cm	Kovuklu yerin Çevresi: cm Genişliği: cm
			-	-		

Tescil Durumu ve Anıtsal Değeri	Tescilli değil. Anıtsal Puan: 31 ŞAD 31 > MAD 24
Yöre Folklorundaki Yeri ve Tarihsel Özellikleri	
Diğer Açıklamalar ve Öneriler	Boyutsal Anıt Ağaç olarak kaydedilmesi gerekmektedir.

Şekil 21: Ml – 55 / Bafra / 07 / (Kanlıgüney) kodlu ağaca ait envanter karnesi

ANIT AĞAÇ ENVANTER KARNESİ

Tür Adı (Türkçe): Adi Porsuk	Kod No: P – 55 / Bafra / 08 (Akalan)
Tür Adı (Bilimsel): *Taxus baccata*	İl: Samsun
Önerilen Adı: Gölgeli Porsuk	İlçe: Bafra
Ölçüm Tarihi: 26.08.2021	Mahalle: Akalan
Ölçen(ler):	Orman İşletme Müdürlüğü: Bafra
Pafta No:	Seri:
Enlem: 41.333578	Mevkii:
Boylam: 35.699387	Bölme No:

Yükselti (m)	Bakı	Eğim (%)	Rölyef	Bulunduğu Yer
742	-	-	3	4

Boy (m)	**Tahmini Yaş (Yıl):**	**Tepe Çapı (m)**		**Kabuklu Çevre (cm)**		**Kabuklu Çap (cm)**	
		K-G	D-B	Toprak Yüzeyi	Yerden 1,30 m Yükseklikte	Toprak Yüzeyi	Yerden 1,30 m Yükseklikte
12	380	10	10	500	430	159	136

Mülkiyet Durumu	Özel:	Tüzel:		Devlet: X	
Gövde Özellikleri	Dipte Çatal: Yok	-		Ur – Şişlik: Yok	
Genel Görünüm	Düzgün: X	Budanmamış X	Budanmış:	Özellik: Yok	

Sağlık Durumu			Tepe Çökmesi		Yaralı:	Kovuk:
	Sağlıklı X	Böcek: Mantar:	Yeni	İleri	Yar. Yerin Çev.: cm Gen.: cm	Kovuklu yerin Çevresi: 400 cm Genişliği: 100 cm
			-	-		

Tescil Durumu ve Anıtsal Değeri	Tescilli değil. Anıtsal Puan: 57 ŞAD 57 > MAD 40
Yöre Folklorundaki Yeri ve Tarihsel Özellikleri	
Diğer Açıklamalar ve Öneriler	Boyutsal Anıt Ağaç olarak kaydedilmesi gerekmektedir.

Şekil 22: P – 55 / Bafra / 08 (Akalan) kodlu ağaca ait envanter karnesi

ANIT AĞAÇ ENVANTER KARNESİ	
Tür Adı (Türkçe): Adi Porsuk	Kod No: P – 55 / Bafra / 09 (Akalan)
Tür Adı (Bilimsel): *Taxus baccata*	İl: Samsun
Önerilen Adı: Gizli Porsuk	İlçe: Bafra
Ölçüm Tarihi: 26.08.2021	Mahalle: Akalan
Ölçen(ler):	Orman İşletme Müdürlüğü: Bafra
Pafta No:	Seri:
Enlem: 41.335745	Mevkii:
Boylam: 35.701725	Bölme No:

Yükselti (m)	Bakı	Eğim (%)	Rölyef	Bulunduğu Yer
739	-	-	3	1

Boy (m)	**Tahmini Yaş (Yıl):**	**Tepe Çapı (m)**		**Kabuklu Çevre (cm)**		**Kabuklu Çap (cm)**	
		K-G	D-B	Toprak Yüzeyi	Yerden 1,30 m Yükseklikte	Toprak Yüzeyi	Yerden 1,30 m Yükseklikte
13	130	10	10	240	240	76	76

Mülkiyet Durumu	Özel: X	Tüzel:			Devlet:
Gövde Özellikleri	Dipte Çatal: Yok	-			Ur – Şişlik: Yok
Genel Görünüm	Düzgün: X	Budanmamış X		Budanmış:	Özellik: Yok

Sağlık Durumu	Sağlıklı X	Böcek: Mantar:	Tepe Çökmesi		Yaralı:	Kovuk:
			Yeni	İleri	Yar. Yerin Çev.: cm Gen.: cm	Kovuklu yerin Çevresi: 240 cm Genişliği: 100 cm
			-	-		

Tescil Durumu ve Anıtsal Değeri	Tescilli değil. Anıtsal Puan: 33 ŞAD 33 < MAD 40
Yöre Folklorundaki Yeri ve Tarihsel Özellikleri	
Diğer Açıklamalar ve Öneriler	Aday Anıt Ağaç olarak kaydedilmesi gerekmektedir.

Şekil 23: P – 55 / Bafra / 09 (Akalan) kodlu ağaca ait envanter karnesi

ANIT AĞAÇ ENVANTER KARNESİ	
Tür Adı (Türkçe): Adi Ceviz	Kod No: Cv – 55 / Bafra / 10 (Kelikler)
Tür Adı (Bilimsel): *Juglans regia*	İl: Samsun
Önerilen Adı: Yalnız Ceviz	İlçe: Bafra
Ölçüm Tarihi: 02.09.2021	Mahalle: Kelikler
Ölçen(ler):	Orman İşletme Müdürlüğü: Bafra
Pafta No:	Seri:
Enlem: 41.594236	Mevkii:
Boylam: 35.798316	Bölme No:

Yükselti (m)	Bakı	Eğim (%)	Rölyef	Bulunduğu Yer
20	-	-	6	5

Boy (m)	**Tahmini Yaş (Yıl):**	**Tepe Çapı (m)**		**Kabuklu Çevre (cm)**		**Kabuklu Çap (cm)**	
		K-G	D-B	Toprak Yüzeyi	Yerden 1,30 m Yükseklikte	Toprak Yüzeyi	Yerden 1,30 m Yükseklikte
13	210	16	15,5	330	300	105	95

Mülkiyet Durumu	Özel: X	Tüzel:		Devlet:
Gövde Özellikleri	Dipte Çatal: Yok	-		Ur – Şişlik: Yok
Genel Görünüm	Düzgün: X	Budanmamış: X	Budanmış:	Özellik: Yok

Sağlık Durumu	Sağlıklı	Böcek:	Tepe Çökmesi		Yaralı:	Kovuk:
	X	Mantar:	Yeni	İleri	Yar. Yerin Çev.: cm	Kovuklu yerin Çevresi: cm
			-	-	Gen.: cm	Genişliği: cm

Tescil Durumu ve Anıtsal Değeri	Tescilli değil. Anıtsal Puan: 27 ŞAD 27 < MAD 33
Yöre Folklorundaki Yeri ve Tarihsel Özellikleri	
Diğer Açıklamalar ve Öneriler	Aday Anıt Ağaç olarak kaydedilmesi gerekmektedir.

Şekil 24: Cv – 55 / Bafra / 10 (Kelikler) kodlu ağaca ait envanter karnesi

<table>
<tr><th colspan="8">ANIT AĞAÇ ENVANTER KARNESİ</th></tr>
<tr><td colspan="4">Tür Adı (Türkçe): Saçlı Meşe</td><td colspan="4">Kod No: Ml – 55 / Bafra / 11 (Kelikler)</td></tr>
<tr><td colspan="4">Tür Adı (Bilimsel): Quercus cerris</td><td colspan="4">İl: Samsun</td></tr>
<tr><td colspan="4">Önerilen Adı: Kelikler Meşesi</td><td colspan="4">İlçe: Bafra</td></tr>
<tr><td colspan="4">Ölçüm Tarihi: 02.09.2021</td><td colspan="4">Mahalle: Kelikler</td></tr>
<tr><td colspan="4">Ölçen(ler):</td><td colspan="4">Orman İşletme Müdürlüğü: Bafra</td></tr>
<tr><td colspan="4">Pafta No:</td><td colspan="4">Seri:</td></tr>
<tr><td colspan="4">Enlem: 41.583418</td><td colspan="4">Mevkii:</td></tr>
<tr><td colspan="4">Boylam: 35.799296</td><td colspan="4">Bölme No:</td></tr>
<tr><td colspan="2">Yükselti (m)</td><td colspan="2">Bakı</td><td>Eğim (%)</td><td>Rölyef</td><td colspan="2">Bulunduğu Yer</td></tr>
<tr><td colspan="2">30</td><td colspan="2">-</td><td>-</td><td>6</td><td colspan="2">5</td></tr>
<tr><th rowspan="2">Boy (m)</th><th rowspan="2">Tahmini Yaş (Yıl):</th><th colspan="2">Tepe Çapı (m)</th><th colspan="2">Kabuklu Çevre (cm)</th><th colspan="2">Kabuklu Çap (cm)</th></tr>
<tr><td>K-G</td><td>D-B</td><td>Toprak Yüzeyi</td><td>Yerden 1,30 m Yükseklikte</td><td>Toprak Yüzeyi</td><td>Yerden 1,30 m Yükseklikte</td></tr>
<tr><td>12</td><td>160</td><td>13,5</td><td>13</td><td>300</td><td>250</td><td>95</td><td>79</td></tr>
<tr><td>Mülkiyet Durumu</td><td colspan="2">Özel: X</td><td colspan="3">Tüzel:</td><td colspan="2">Devlet:</td></tr>
<tr><td>Gövde Özellikleri</td><td colspan="2">Dipte Çatal: Yok</td><td colspan="3">-</td><td colspan="2">Ur – Şişlik: Yok</td></tr>
<tr><td>Genel Görünüm</td><td colspan="2">Düzgün: X</td><td colspan="2">Budanmamış
X</td><td>Budanmış:</td><td colspan="2">Özellik: Yok</td></tr>
<tr><td>Sağlık Durumu</td><td>Sağlıklı:
X</td><td>Böcek:
Mantar:</td><td colspan="2">Tepe Çökmesi
Yeni: - | İleri: -</td><td>Yaralı:
Yar. Yerin
Çev.: cm
Gen.: cm</td><td colspan="2">Kovuk:
Kovuklu yerin
Çevresi: cm
Genişliği: cm</td></tr>
<tr><td colspan="2">Tescil Durumu ve Anıtsal Değeri</td><td colspan="4">Tescilli değil. Anıtsal Puan: 21
ŞAD 21 < MAD 24</td><td colspan="2" rowspan="3"></td></tr>
<tr><td colspan="2">Yöre Folklorundaki Yeri ve Tarihsel Özellikleri</td><td colspan="4"></td></tr>
<tr><td colspan="2">Diğer Açıklamalar ve Öneriler</td><td colspan="4">Aday Anıt Ağaç olarak kaydedilmesi gerekmektedir.</td></tr>
</table>

Şekil 25: Ml – 55 / Bafra / 11 (Kelikler) kodlu ağaca ait envanter karnesi

ANIT AĞAÇ ENVANTER KARNESİ

Tür Adı (Türkçe): Doğu Çınarı	Kod No: Çn – 55 / Alaçam / 1 (Yenice)
Tür Adı (Bilimsel): *Platanus orientalis*	İl: Samsun
Önerilen Adı: Bayraklı Çınar	İlçe: Alaçam
Ölçüm Tarihi: 02.09.2021	Mahalle: Yenice
Ölçen(ler):	Orman İşletme Müdürlüğü: Bafra
Pafta No:	Seri:
Enlem: 41.583418	Mevkii:
Boylam: 35.799296	Bölme No:

Yükselti (m)	Bakı	Eğim (%)	Rölyef	Bulunduğu Yer
33	-	-	6	4

Boy (m)	**Tahmini Yaş (Yıl):**	**Tepe Çapı (m)**		**Kabuklu Çevre (cm)**		**Kabuklu Çap (cm)**	
		K-G	D-B	Toprak Yüzeyi	Yerden 1,30 m Yükseklikte	Toprak Yüzeyi	Yerden 1,30 m Yükseklikte
19	625	24	21	1100	1000	350	318

Mülkiyet Durumu	Özel:	Tüzel:		Devlet: X
Gövde Özellikleri	Dipte Çatal: Yok	-		Ur – Şişlik: Yok
Genel Görünüm	Düzgün: X	Budanmamış X	Budanmış:	Özellik: Yok

			Tepe Çökmesi		Yaralı:	Kovuk:
Sağlık Durumu	Sağlıklı:	Böcek: Mantar:	Yeni	İleri	Yar. Yerin Çev.: cm Gen.: cm	Kovuklu yerin Çevresi: 1000 cm Genişliği: 150 cm
			-	-		

Tescil Durumu ve Anıtsal Değeri	Tescilli değil. Anıtsal Puan: 72 ŞAD 72 > MAD 39
Yöre Folklorundaki Yeri ve Tarihsel Özellikleri	
Diğer Açıklamalar ve Öneriler	Boyutsal Anıt Ağaç olarak kaydedilmesi gerekmektedir.

Şekil 26: Çn – 55 / Alaçam / 1 (Yenice) kodlu ağaca ait envanter karnesi

. ANIT AĞAÇ ENVANTER KARNESİ	
Tür Adı (Türkçe): Doğu Çınarı	Kod No: Çn – 55 / Alaçam / 2 (Yenice)
Tür Adı (Bilimsel): *Platanus orientalis*	İl: Samsun
Önerilen Adı: Aras Çınarı	İlçe: Alaçam
Ölçüm Tarihi: 02.09.2021	Mahalle: Yenice
Ölçen(ler):	Orman İşletme Müdürlüğü: Bafra
Pafta No:	Seri:
Enlem: 41.598692	Mevkii:
Boylam: 35.705254	Bölme No:

Yükselti (m)	Bakı	Eğim (%)	Rölyef	Bulunduğu Yer
34	-	-	6	4

Boy (m)	**Tahmini Yaş (Yıl):**	**Tepe Çapı (m)**		**Kabuklu Çevre (cm)**		**Kabuklu Çap (cm)**	
		K-G	D-B	Toprak Yüzeyi	Yerden 1,30 m Yükseklikte	Toprak Yüzeyi	Yerden 1,30 m Yükseklikte
20	445	22,5	22	850	800	270	254

Mülkiyet Durumu	Özel:	Tüzel:		Devlet: X
Gövde Özellikleri	Dipte Çatal: Yok	-		Ur – Şişlik: Yok
Genel Görünüm	Düzgün:	Budanmamış: X	Budanmış:	Özellik: Yok

Sağlık Durumu	Sağlıklı:	Böcek: Mantar:	Tepe Çökmesi		Yaralı:	Kovuk:
			Yeni	İleri	Yar. Yerin Çev.: cm Gen.: cm	Kovuklu yerin Çevresi: 800 cm Genişliği: 150 cm
			-	-		

Tescil Durumu ve Anıtsal Değeri	Tescilli değil. Anıtsal Puan: 58 ŞAD 58 > MAD 39
Yöre Folklorundaki Yeri ve Tarihsel Özellikleri	
Diğer Açıklamalar ve Öneriler	Boyutsal Anıt Ağaç olarak kaydedilmesi gerekmektedir.

Şekil 27: Çn – 55 / Alaçam / 2 (Yenice) kodlu ağaca ait envanter karnesi

ANIT AĞAÇ ENVANTER KARNESİ	
Tür Adı (Türkçe): Sapsız Meşe	Kod No: Mz – 55 / Kavak / 01 (Kurşunlu)
Tür Adı (Bilimsel): *Quercus petraea*	İl: Samsun
Önerilen Adı: Ocak Meşesi	İlçe: Kavak
Ölçüm Tarihi: 03.09.2021	Mahalle: Kurşunlu
Ölçen(ler):	Orman İşletme Müdürlüğü: Kavak
Pafta No:	Seri:
Enlem: 41.067468	Mevkii:
Boylam: 36.093034	Bölme No:

Yükselti (m)	Bakı	Eğim (%)	Rölyef	Bulunduğu Yer
634	-	-	1	5

Boy (m)	**Tahmini Yaş (Yıl):**	**Tepe Çapı (m)**		**Kabuklu Çevre (cm)**		**Kabuklu Çap (cm)**	
		K-G	D-B	Toprak Yüzeyi	Yerden 1,30 m Yükseklikte	Toprak Yüzeyi	Yerden 1,30 m Yükseklikte
7,5	325	11,5	10	340	340	108	108

Mülkiyet Durumu	Özel: X	Tüzel:		Devlet:
Gövde Özellikleri	Dipte Çatal: Yok	-		Ur – Şişlik: Yok
Genel Görünüm	Düzgün:	Budanmamış:	Budanmış: X	Özellik: Yok

Sağlık Durumu	Sağlıklı:	Böcek: Mantar:	Tepe Çökmesi		Yaralı:	Kovuk:
			Yeni	İleri	Yar. Yerin Çev.: cm Gen.: cm	Kovuklu Yerin Çevresi: 340 cm Genişliği: 250 cm
			-	X		

Tescil Durumu ve Anıtsal Değeri	Tescilli değil. Anıtsal Puan: 26 ŞAD 26 > MAD 24
Yöre Folklorundaki Yeri ve Tarihsel Özellikleri	
Diğer Açıklamalar ve Öneriler	Boyutsal Anıt Ağaç olarak kaydedilmesi gerekmektedir.

Şekil 28: Mz – 55 / Kavak / 01 (Kurşunlu) kodlu ağaca ait envanter karnesi

ANIT AĞAÇ ENVANTER KARNESİ	
Tür Adı (Türkçe): Sapsız Meşe	Kod No: Mz – 55 / Kavak / 02 (Kurşunlu)
Tür Adı (Bilimsel): *Quercus petraea*	İl: Samsun
Önerilen Adı: Evli Meşe	İlçe: Kavak
Ölçüm Tarihi: 03.09.2021	Mahalle: Kurşunlu
Ölçen(ler):	Orman İşletme Müdürlüğü: Kavak
Pafta No:	Seri:
Enlem: 41.064626	Mevkii:
Boylam: 36.096548	Bölme No:

Yükselti (m)	Bakı	Eğim (%)	Rölyef	Bulunduğu Yer
616	-	-	1	4

Boy (m)	**Tahmini Yaş (Yıl):**	**Tepe Çapı (m)**		**Kabuklu Çevre (cm)**		**Kabuklu Çap (cm)**	
		K-G	D-B	Toprak Yüzeyi	Yerden 1,30 m Yükseklikte	Toprak Yüzeyi	Yerden 1,30 m Yükseklikte
13	190	14,5	13,5	360	320	114	101

Mülkiyet Durumu	Özel:	Tüzel:		Devlet: X
Gövde Özellikleri	Dipte Çatal:	-		Ur – Şişlik: Yok
Genel Görünüm	Düzgün:	Budanmamış:	Budanmış: X	Özellik: Yok

Sağlık Durumu			Tepe Çökmesi		Yaralı:	Kovuk:
	Sağlıklı X	Böcek: Mantar:	Yeni	İleri	Yar. Yerin Çev.: cm Gen.: cm	Kovuklu Yerin Çevresi: cm Genişliği: cm
			-	-		

Tescil Durumu ve Anıtsal Değeri	Tescilli değil. Anıtsal Puan: 24 ŞAD 24 ≥ MAD 24
Yöre Folklorundaki Yeri ve Tarihsel Özellikleri	
Diğer Açıklamalar ve Öneriler	Boyutsal Anıt Ağaç olarak kaydedilmesi gerekmektedir.

Şekil 29: Mz – 55 / Kavak / 02 (Kurşunlu) kodlu ağaca ait envanter karnesi

ANIT AĞAÇ ENVANTER KARNESİ	
Tür Adı (Türkçe): Saçlı Meşe	Kod No: Ml – 55 / Kavak / 03 (Kurşunlu)
Tür Adı (Bilimsel): *Quercus cerris*	İl: Samsun
Önerilen Adı: Evsiz Meşe	İlçe: Kavak
Ölçüm Tarihi: 03.09.2021	Mahalle: Kurşunlu
Ölçen(ler):	Orman İşletme Müdürlüğü: Kavak
Pafta No:	Seri:
Enlem: 41.064591	Mevkii:
Boylam: 36.096192	Bölme No:

Yükselti (m)	Bakı	Eğim (%)	Rölyef	Bulunduğu Yer
616	-	-	1	4

Boy (m)	**Tahmini Yaş (Yıl):**	**Tepe Çapı (m)**		**Kabuklu Çevre (cm)**		**Kabuklu Çap (cm)**	
		K-G	D-B	Toprak Yüzeyi	Yerden 1,30 m Yükseklikte	Toprak Yüzeyi	Yerden 1,30 m Yükseklikte
16	240	13,5	16,5	310	290	98	92

Mülkiyet Durumu	Özel:	Tüzel:		Devlet: X
Gövde Özellikleri	Dipte Çatal: Yok	-		Ur – Şişlik: Yok
Genel Görünüm	Düzgün: X	Budanmamış: X	Budanmış:	Özellik: Yok

Sağlık Durumu	Sağlıklı X	Böcek: Mantar:	Tepe Çökmesi		Yaralı:	Kovuk:
			Yeni	İleri	Yar. Yerin Çev.: cm Gen.: cm	Kovuklu Yerin Çevresi: cm Genişliği: cm
			-	-		

Tescil Durumu ve Anıtsal Değeri	Tescili değil. Anıtsal Puan: 31 ŞAD 31 > MAD 24
Yöre Folklorundaki Yeri ve Tarihsel Özellikleri	
Diğer Açıklamalar ve Öneriler	Boyutsal Anıt Ağaç olarak kaydedilmesi gerekmektedir.

Şekil 30: Ml – 55 / Kavak / 03 (Kurşunlu) kodlu ağaca ait envanter karnesi

ANIT AĞAÇ ENVANTER KARNESİ	
Tür Adı (Türkçe): Saplı Meşe	Kod No: Ms – 55 / Kavak / 04 (Karapınar)
Tür Adı (Bilimsel): *Quercus robur*	İl: Samsun
Önerilen Adı: Alpi Meşesi	İlçe: Kavak
Ölçüm Tarihi: 06.09.2021	Mahalle: Karapınar
Ölçen(ler):	Orman İşletme Müdürlüğü: Kavak
Pafta No:	Seri:
Enlem: 41.012524	Mevkii:
Boylam: 36.071888	Bölme No:

Yükselti (m)	Bakı	Eğim (%)	Rölyef	Bulunduğu Yer
850	-	-	1	4

Boy (m)	**Tahmini Yaş (Yıl):**	**Tepe Çapı (m)**		**Kabuklu Çevre (cm)**		**Kabuklu Çap (cm)**	
		K-G	D-B	Toprak Yüzeyi	Yerden 1,30 m Yükseklikte	Toprak Yüzeyi	Yerden 1,30 m Yükseklikte
25	280	18	16,5	400	360	127	114

Mülkiyet Durumu	Özel:	Tüzel:		Devlet: X
Gövde Özellikleri	Dipte Çatal: Yok	-		Ur – Şişlik: Yok
Genel Görünüm	Düzgün: X	Budanmamış: X	Budanmış:	Özellik: Yok

Sağlık Durumu	Sağlıklı	Böcek: Mantar:	Tepe Çökmesi		Yaralı:	Kovuk:
	X		Yeni	İleri	Yar. Yerin Çev.: cm Gen.: cm	Kovuklu Yerin Çevresi: cm Genişliği: cm
			-	-		

Tescil Durumu ve Anıtsal Değeri	Tescilli değil. Anıtsal Puan: 37 ŞAD 37 > MAD 24
Yöre Folklorundaki Yeri ve Tarihsel Özellikleri	
Diğer Açıklamalar ve Öneriler	Boyutsal Anıt Ağaç olarak kaydedilmesi gerekmektedir.

Şekil 31: Ms – 55 / Kavak / 04 (Kurşunlu) kodlu ağaca ait envanter karnesi

ANIT AĞAÇ ENVANTER KARNESİ	
Tür Adı (Türkçe): Saplı Meşe	Kod No: Ms – 55 / Kavak / 05 (Karapınar)
Tür Adı (Bilimsel): *Quercus robur*	İl: Samsun
Önerilen Adı: Nur Meşesi	İlçe: Kavak
Ölçüm Tarihi: 06.09.2021	Mahalle: Karapınar
Ölçen(ler):	Orman İşletme Müdürlüğü: Kavak
Pafta No:	Seri:
Enlem: 41.012526	Mevkii:
Boylam: 36.072201	Bölme No:

Yükselti (m)	Bakı	Eğim (%)	Rölyef	Bulunduğu Yer
850	-	-	1	4

Boy (m)	**Tahmini Yaş (Yıl):**	**Tepe Çapı (m)**		**Kabuklu Çevre (cm)**		**Kabuklu Çap (cm)**	
		K-G	D-B	Toprak Yüzeyi	Yerden 1,30 m Yükseklikte	Toprak Yüzeyi	Yerden 1,30 m Yükseklikte
25	180	15,5	14	350	315	111	100

Mülkiyet Durumu	Özel:	Tüzel:		Devlet: X
Gövde Özellikleri	Dipte Çatal: Yok	-		Ur – Şişlik: Yok
Genel Görünüm	Düzgün: X	Budanmamış: X	Budanmış:	Özellik: Yok

Sağlık Durumu	Sağlıklı X	Böcek: Mantar:	Tepe Çökmesi		Yaralı:	Kovuk:
			Yeni	İleri	Yar. Yerin Çev.: cm Gen.: cm	Kovuklu Yerin Çevresi: cm Genişliği: cm
			-	-		

Tescil Durumu ve Anıtsal Değeri	Tescilli değil. Anıtsal Puan: 34 ŞAD 34 > MAD 24
Yöre Folklorundaki Yeri ve Tarihsel Özellikleri	
Diğer Açıklamalar ve Öneriler	Boyutsal Anıt Ağaç olarak kaydedilmesi gerekmektedir.

Şekil 32: Ms – 55 / Kavak / 05 (Kurşunlu) kodlu ağaca ait envanter karnesi

ANIT AĞAÇ ENVANTER KARNESİ	
Tür Adı (Türkçe): Saplı Meşe	Kod No: Ms – 55 / Kavak / 06 (Karapınar)
Tür Adı (Bilimsel): *Quercus robur*	İl: Samsun
Önerilen Adı: Ay Meşesi	İlçe: Kavak
Ölçüm Tarihi: 06.09.2021	Mahalle: Karapınar
Ölçen(ler):	Orman İşletme Müdürlüğü: Kavak
Pafta No:	Seri:
Enlem: 41.012522	Mevkii:
Boylam: 36.072053	Bölme No:

Yükselti (m)	Bakı	Eğim (%)	Rölyef	Bulunduğu Yer
850	-	-	1	4

Boy (m)	**Tahmini Yaş (Yıl):**	**Tepe Çapı (m)**		**Kabuklu Çevre (cm)**		**Kabuklu Çap (cm)**	
		K-G	D-B	Toprak Yüzeyi	Yerden 1,30 m Yükseklikte	Toprak Yüzeyi	Yerden 1,30 m Yükseklikte
25	130	15,5	16	360	310	114	98

Mülkiyet Durumu	Özel:	Tüzel:		Devlet: X
Gövde Özellikleri	Dipte Çatal:	-		Ur – Şişlik: Yok
Genel Görünüm	Düzgün: X	Budanmamış: X	Budanmış:	Özellik: Yok

Sağlık Durumu	Sağlıklı X	Böcek: Mantar:	Tepe Çökmesi		Yaralı:	Kovuk:
			Yeni	İleri	Yar. Yerin Çev.: cm Gen.: cm	Kovuklu Yerin Çevresi: cm Genişliği: cm
			-	-		

Tescil Durumu ve Anıtsal Değeri	Tescilli değil. Anıtsal Puan: 31 ŞAD 31 > MAD 24
Yöre Folklorundaki Yeri ve Tarihsel Özellikleri	
Diğer Açıklamalar ve Öneriler	Boyutsal Anıt Ağaç olarak kaydedilmesi gerekmektedir.

Şekil 33: Ms – 55 / Kavak / 06 (Kurşunlu) kodlu ağaca ait envanter karnesi

ANIT AĞAÇ ENVANTER KARNESİ

Tür Adı (Türkçe): Saplı Meşe	Kod No: Ms – 55 / Kavak / 07 (Karapınar)
Tür Adı (Bilimsel): *Quercus robur*	İl: Samsun
Önerilen Adı: Aslı Meşe	İlçe: Kavak
Ölçüm Tarihi: 06.09.2021	Mahalle: Karapınar
Ölçen(ler):	Orman İşletme Müdürlüğü: Kavak
Pafta No:	Seri:
Enlem: 41.012532	Mevkii:
Boylam: 36.072037	Bölme No:

Yükselti (m)	Bakı	Eğim (%)	Rölyef	Bulunduğu Yer
850	-	-	1	4

Boy (m)	Tahmini Yaş (Yıl):	Tepe Çapı (m)		Kabuklu Çevre (cm)		Kabuklu Çap (cm)	
		K-G	D-B	Toprak Yüzeyi	Yerden 1,30 m Yükseklikte	Toprak Yüzeyi	Yerden 1,30 m Yükseklikte
24	255	13	17,5	370	330	117	105

Mülkiyet Durumu	Özel:	Tüzel:		Devlet: X
Gövde Özellikleri	Dipte Çatal: Yok	-		Ur – Şişlik: Yok
Genel Görünüm	Düzgün:	Budanmamış: X	Budanmış:	Özellik:

Sağlık Durumu	Sağlıklı	Böcek:	Tepe Çökmesi		Yaralı:	Kovuk:
	X	Mantar:	Yeni	İleri	Yar. Yerin Çev.: cm Gen.: cm	Kovuklu Yerin Çevresi: cm Genişliği: cm
			-	-		

Tescil Durumu ve Anıtsal Değeri	Tescilli değil. Anıtsal Puan: 34 ŞAD 34 > MAD 24
Yöre Folklorundaki Yeri ve Tarihsel Özellikleri	
Diğer Açıklamalar ve Öneriler	Boyutsal Anıt Ağaç olarak kaydedilmesi gerekmektedir.

Şekil 34: Ms – 55 / Kavak / 07 (Kurşunlu) kodlu ağaca ait envanter karnesi

ANIT AĞAÇ ENVANTER KARNESİ	
Tür Adı (Türkçe): Adi Ceviz	Kod No: Cv – 55 / Lâdik / 01 (Hamamayağı)
Tür Adı (Bilimsel): *Juglans regia*	İl: Samsun
Önerilen Adı: Gizli Ceviz	İlçe: Kavak
Ölçüm Tarihi: 10.09.2021	Mahalle: Hamamayağı
Ölçen(ler):	Orman İşletme Müdürlüğü: Kavak
Pafta No:	Seri:
Enlem: 40.974053	Mevkii:
Boylam: 35.786475	Bölme No:

Yükselti (m)	Bakı	Eğim (%)	Rölyef	Bulunduğu Yer
728	-	-	6	5

Boy (m)	**Tahmini Yaş (Yıl):**	**Tepe Çapı (m)**		**Kabuklu Çevre (cm)**		**Kabuklu Çap (cm)**	
		K-G	D-B	Toprak Yüzeyi	Yerden 1,30 m Yükseklikte	Toprak Yüzeyi	Yerden 1,30 m Yükseklikte
18	260	17,5	15	450	400	143	127

Mülkiyet Durumu	Özel: X	Tüzel:		Devlet:
Gövde Özellikleri	Dipte Çatal: Var	-		Ur – Şişlik: Yok
Genel Görünüm	Düzgün: X	Budanmamış: X	Budanmış:	Özellik: Yok

Sağlık Durumu	Sağlıklı:	Böcek: Mantar:	Tepe Çökmesi		Yaralı:	Kovuk:
			Yeni	İleri	Yar. Yerin Çev.: cm Gen.: cm	Kovuklu Yerin Çevresi: cm Genişliği: cm
			-	-		

Tescil Durumu ve Anıtsal Değeri	Tescilli değil. Anıtsal Puan: 33 ŞAD 33 ≥ MAD 33
Yöre Folklorundaki Yeri ve Tarihsel Özellikleri	
Diğer Açıklamalar ve Öneriler	Boyutsal Anıt Ağaç olarak kaydedilmesi gerekmektedir.

Şekil 35: Cv – 55 / Lâdik / 01 (Hamamayağı) kodlu ağaca ait envanter karnesi

ANIT AĞAÇ ENVANTER KARNESİ	
Tür Adı (Türkçe): Saçlı Meşe	Kod No: Ml – 55 / Lâdik / 02 (Teberoğlu)
Tür Adı (Bilimsel): *Quercus cerris*	İl: Samsun
Önerilen Adı: Kalaycı Meşesi	İlçe: Lâdik
Ölçüm Tarihi: 10.09.2021	Mahalle: Teberoğlu
Ölçen(ler):	Orman İşletme Müdürlüğü: Kavak
Pafta No:	Seri:
Enlem: 40.982691	Mevkii:
Boylam: 35.809216	Bölme No:

Yükselti (m)	Bakı	Eğim (%)	Rölyef	Bulunduğu Yer
793	-	-	1	3

Boy (m)	**Tahmini Yaş (Yıl):**	**Tepe Çapı (m)**		**Kabuklu Çevre (cm)**		**Kabuklu Çap (cm)**	
		K-G	D-B	Toprak Yüzeyi	Yerden 1,30 m Yükseklikte	Toprak Yüzeyi	Yerden 1,30 m Yükseklikte
21	295	17,5	16	520	500	165	159

Mülkiyet Durumu	Özel: X	Tüzel:		Devlet:
Gövde Özellikleri	Dipte Çatal: Yok	-		Ur – Şişlik: Yok
Genel Görünüm	Düzgün: X	Budanmamış: X	Budanmış:	Özellik: Yok

Sağlık Durumu	Sağlıklı:	Böcek: Mantar:	Tepe Çökmesi		Yaralı:	Kovuk:
			Yeni	İleri	Yar. Yerin Çev.: cm Gen.: cm	Kovuklu Yerin Çevresi: cm Genişliği: cm
			X	-		

Tescil Durumu ve Anıtsal Değeri	Tescilli değil. Anıtsal Puan: 41 ŞAD 41 > MAD 24
Yöre Folklorundaki Yeri ve Tarihsel Özellikleri	
Diğer Açıklamalar ve Öneriler	Boyutsal Anıt Ağaç olarak kaydedilmesi gerekmektedir.

Şekil 36: Ml – 55 / Lâdik / 02 (Teberoğlu) kodlu ağaca ait envanter karnesi

ANIT AĞAÇ ENVANTER KARNESİ	
Tür Adı (Türkçe): Saçlı Meşe	Kod No: Ml – 55 / Lâdik / 03 (Teberoğlu)
Tür Adı (Bilimsel): *Quercus cerris*	İl: Samsun
Önerilen Adı: Acar Meşe	İlçe: Lâdik
Ölçüm Tarihi: 10.09.2021	Mahalle: Teberoğlu
Ölçen(ler):	Orman İşletme Müdürlüğü: Kavak
Pafta No:	Seri:
Enlem: 40.982698	Mevkii:
Boylam: 35.809379	Bölme No:

Yükselti (m)	Bakı	Eğim (%)	Rölyef	Bulunduğu Yer
793	-	-	1	3

Boy (m)	**Tahmini Yaş (Yıl):**	**Tepe Çapı (m)**		**Kabuklu Çevre (cm)**		**Kabuklu Çap (cm)**	
		K-G	D-B	Toprak Yüzeyi	Yerden 1,30 m Yükseklikte	Toprak Yüzeyi	Yerden 1,30 m Yükseklikte
15	395	17,5	18	400	340	127	108

Mülkiyet Durumu	Özel: X	Tüzel:		Devlet:
Gövde Özellikleri	Dipte Çatal: Yok	-		Ur – Şişlik: Yok
Genel Görünüm	Düzgün: X	Budanmamış: X	Budanmış:	Özellik:

Sağlık Durumu	Sağlıklı:	Böcek: Mantar:	Tepe Çökmesi		Yaralı:	Kovuk:
			Yeni	İleri	Yar. Yerin Çev.: cm Gen.: cm	Kovuklu Yerin Çevresi: cm Genişliği: cm
			-	-		

Tescil Durumu ve Anıtsal Değeri	Tescilli değil. Anıtsal Puan: 38 ŞAD 38 > MAD 24
Yöre Folklorundaki Yeri ve Tarihsel Özellikleri	
Diğer Açıklamalar ve Öneriler	Boyutsal Anıt Ağaç olarak kaydedilmesi gerekmektedir.

Şekil 37: Ml – 55 / Lâdik / 03 (Teberoğlu) kodlu ağaca ait envanter karnesi

ANIT AĞAÇ ENVANTER KARNESİ	
Tür Adı (Türkçe): Sapsız Meşe	Kod No: Mz – 55 / Lâdik / 04 (İbi)
Tür Adı (Bilimsel): *Quercus petraea*	İl: Samsun
Önerilen Adı: Abla Meşesi	İlçe: Lâdik
Ölçüm Tarihi: 10.09.2021	Mahalle: İbi
Ölçen(ler):	Orman İşletme Müdürlüğü: Kavak
Pafta No:	Seri:
Enlem: 40.961648	Mevkii:
Boylam: 35.900355	Bölme No:

Yükselti (m)	Bakı	Eğim (%)	Rölyef	Bulunduğu Yer
885	-	-	1	4

Boy (m)	**Tahmini Yaş (Yıl):**	**Tepe Çapı (m)**		**Kabuklu Çevre (cm)**		**Kabuklu Çap (cm)**	
		K-G	D-B	Toprak Yüzeyi	Yerden 1,30 m Yükseklikte	Toprak Yüzeyi	Yerden 1,30 m Yükseklikte
22	170	19	18,5	390	310	124	98

Mülkiyet Durumu	Özel:	Tüzel:		Devlet: X
Gövde Özellikleri	Dipte Çatal: Yok	-		Ur – Şişlik: Yok
Genel Görünüm	Düzgün: X	Budanmamış: X	Budanmış:	Özellik:

Sağlık Durumu	Sağlıklı X	Böcek: Mantar:	Tepe Çökmesi		Yaralı:	Kovuk:
			Yeni	İleri	Yar. Yerin Çev.: cm	Kovuklu Yerin Çevresi: cm
			-	-	Gen.: cm	Genişliği: cm

Tescil Durumu ve Anıtsal Değeri	Tescilli değil. Anıtsal Puan: 28 ŞAD 28 > MAD 24
Yöre Folklorundaki Yeri ve Tarihsel Özellikleri	
Diğer Açıklamalar ve Öneriler	Boyutsal Anıt Ağaç olarak kaydedilmesi gerekmektedir.

Şekil 38: Mz – 55 / Lâdik / 04 (İbi) kodlu ağaca ait envanter karnesi

ANIT AĞAÇ ENVANTER KARNESİ	
Tür Adı (Türkçe): Sapsız Meşe	Kod No: Mz – 55 / Lâdik / 05 (İbi)
Tür Adı (Bilimsel): *Quercus petraea*	İl: Samsun
Önerilen Adı: Ağabey Meşesi	İlçe: Lâdik
Ölçüm Tarihi: 10.09.2021	Mahalle: İbi
Ölçen(ler):	Orman İşletme Müdürlüğü: Kavak
Pafta No:	Seri:
Enlem: 40.961867	Mevkii:
Boylam: 35.900755	Bölme No:

Yükselti (m)	Bakı	Eğim (%)	Rölyef	Bulunduğu Yer
885	-	-	1	4

Boy (m)	**Tahmini Yaş (Yıl):**	**Tepe Çapı (m)**		**Kabuklu Çevre (cm)**		**Kabuklu Çap (cm)**	
		K-G	D-B	Toprak Yüzeyi	Yerden 1,30 m Yükseklikte	Toprak Yüzeyi	Yerden 1,30 m Yükseklikte
22	150	18,5	18	360	280	114	89

Mülkiyet Durumu	Özel:	Tüzel:		Devlet: X
Gövde Özellikleri	Dipte Çatal: Yok	-		Ur – Şişlik: Yok
Genel Görünüm	Düzgün: X	Budanmamış: X	Budanmış:	Özellik: Yok

Sağlık Durumu	Sağlıklı X	Böcek: Mantar:	Tepe Çökmesi		Yaralı:	Kovuk:
			Yeni	İleri	Yar. Yerin Çev.: cm Gen.: cm	Kovuklu Yerin Çevresi: cm Genişliği: cm
			-	-		

Tescil Durumu ve Anıtsal Değeri	Tescilli değil. Anıtsal Puan: 28 ŞAD 28 > MAD 24
Yöre Folklorundaki Yeri ve Tarihsel Özellikleri	
Diğer Açıklamalar ve Öneriler	Aday Anıt Ağaç olarak kaydedilmesi gerekmektedir.

Şekil 39: Mz – 55 / Lâdik / 05 (İbi) kodlu ağaca ait envanter karnesi

ANIT AĞAÇ ENVANTER KARNESİ

Tür Adı (Türkçe): Saplı Meşe	Kod No: Ms – 55 / Lâdik / 06 (Arslantaş)
Tür Adı (Bilimsel): *Quercus robur*	İl: Samsun
Önerilen Adı: Kolsuz Meşe	İlçe: Lâdik
Ölçüm Tarihi: 11.09.2021	Mahalle: Arslantaş
Ölçen(ler):	Orman İşletme Müdürlüğü: Kavak
Pafta No:	Seri:
Enlem: 40.958140	Mevkii:
Boylam: 35.880724	Bölme No:

Yükselti (m)	Bakı	Eğim (%)	Rölyef	Bulunduğu Yer
960	-	-	1	4

Boy (m)	Tahmini Yaş (Yıl):	Tepe Çapı (m)		Kabuklu Çevre (cm)		Kabuklu Çap (cm)	
		K-G	D-B	Toprak Yüzeyi	Yerden 1,30 m Yükseklikte	Toprak Yüzeyi	Yerden 1,30 m Yükseklikte
14	150	17	175,5	460	340	46	108

Mülkiyet Durumu	Özel: X	Tüzel:		Devlet:
Gövde Özellikleri	Dipte Çatal: Yok	-		Ur – Şişlik: Yok
Genel Görünüm	Düzgün: X	Budanmamış:	Budanmış: X	Özellik: Yok

Sağlık Durumu	Sağlıklı	Böcek: Mantar:	Tepe Çökmesi		Yaralı:	Kovuk:
	X		Yeni	İleri	Yar. Yerin Çev.: cm Gen.: cm	Kovuklu Yerin Çevresi: cm Genişliği: cm
			-	-		

Tescil Durumu ve Anıtsal Değeri	Tescilli değil. Anıtsal Puan: 31 ŞAD 31 > MAD 27
Yöre Folklorundaki Yeri ve Tarihsel Özellikleri	
Diğer Açıklamalar ve Öneriler	Boyutsal Anıt Ağaç olarak kaydedilmesi gerekmektedir.

Şekil 40: Ms – 55 / Lâdik / 06 (Arslantaş) kodlu ağaca ait envanter karnesi

ANIT AĞAÇ ENVANTER KARNESİ							
Tür Adı (Türkçe): Saplı Meşe				Kod No: Ms – 55 / Lâdik / 07 (Arslantaş)			
Tür Adı (Bilimsel): *Quercus robur*				İl: Samsun			
Önerilen Adı: Kollu Meşe				İlçe: Lâdik			
Ölçüm Tarihi: 11.09.2021				Mahalle: Arslantaş			
Ölçen(ler):				Orman İşletme Müdürlüğü: Kavak			
Pafta No:				Seri:			
Enlem: 40.958145				Mevkii:			
Boylam: 35.880748				Bölme No:			
Yükselti (m)		Bakı		Eğim (%)	Rölyef	Bulunduğu Yer	
960		-		-	1	4	
Boy (m)	**Tahmini Yaş (Yıl):**	**Tepe Çapı (m)**		**Kabuklu Çevre (cm)**		**Kabuklu Çap (cm)**	
		K-G	D-B	Toprak Yüzeyi	Yerden 1,30 m Yükseklikte	Toprak Yüzeyi	Yerden 1,30 m Yükseklikte
13	240	22	18,5	330	300	105	95
Mülkiyet Durumu	Özel: X			Tüzel:		Devlet:	
Gövde Özellikleri	Dipte Çatal: Var			-		Ur – Şişlik: Yok	
Genel Görünüm	Düzgün: X			Budanmamış: X	Budanmış:	Özellik: Yok	
Sağlık Durumu	Sağlıklı X	Böcek: Mantar:		Tepe Çökmesi: Yeni - / İleri -	Yaralı: Yar. Yerin Çev.: cm Gen.: cm	Kovuk: Kovuklu Yerin Çevresi: cm Genişliği: cm	
Tescil Durumu ve Anıtsal Değeri		Tescilli değil. Anıtsal Puan: 34 ŞAD 34 > MAD 27					
Yöre Folklorundaki Yeri ve Tarihsel Özellikleri							
Diğer Açıklamalar ve Öneriler		Boyutsal Anıt Ağaç olarak kaydedilmesi gerekmektedir.					

Şekil 41: Ms – 55 / Lâdik / 07 (Arslantaş) kodlu ağaca ait envanter karnesi

<table>
<tr><th colspan="10">ANIT AĞAÇ ENVANTER KARNESİ</th></tr>
<tr><td colspan="5">Tür Adı (Türkçe): Sapsız Meşe</td><td colspan="5">Kod No: Mz – 55 / Lâdik / 08 (Arslantaş)</td></tr>
<tr><td colspan="5">Tür Adı (Bilimsel): Quercus petraea</td><td colspan="5">İl: Samsun</td></tr>
<tr><td colspan="5">Önerilen Adı: Arıcı Meşesi</td><td colspan="5">İlçe: Lâdik</td></tr>
<tr><td colspan="5">Ölçüm Tarihi: 11.09.2021</td><td colspan="5">Mahalle: Arslantaş</td></tr>
<tr><td colspan="5">Ölçen(ler):</td><td colspan="5">Orman İşletme Müdürlüğü: Kavak</td></tr>
<tr><td colspan="5">Pafta No:</td><td colspan="5">Seri:</td></tr>
<tr><td colspan="5">Enlem: 40.957954</td><td colspan="5">Mevkii:</td></tr>
<tr><td colspan="5">Boylam: 35.881264</td><td colspan="5">Bölme No:</td></tr>
<tr><td colspan="2">Yükselti (m)</td><td colspan="2">Bakı</td><td colspan="2">Eğim (%)</td><td colspan="2">Rölyef</td><td colspan="2">Bulunduğu Yer</td></tr>
<tr><td colspan="2">955</td><td colspan="2">-</td><td colspan="2">-</td><td colspan="2">1</td><td colspan="2">3</td></tr>
<tr><td rowspan="2">Boy (m)</td><td rowspan="2">Tahmini Yaş (Yıl):</td><td colspan="2">Tepe Çapı (m)</td><td colspan="3">Kabuklu Çevre (cm)</td><td colspan="3">Kabuklu Çap (cm)</td></tr>
<tr><td>K-G</td><td>D-B</td><td colspan="2">Toprak Yüzeyi</td><td>Yerden 1,30 m Yükseklikte</td><td>Toprak Yüzeyi</td><td colspan="2">Yerden 1,30 m Yükseklikte</td></tr>
<tr><td>15</td><td>335</td><td>22,5</td><td>20</td><td colspan="2">550</td><td>510</td><td>175</td><td colspan="2">162</td></tr>
<tr><td colspan="2">Mülkiyet Durumu</td><td colspan="2">Özel: X</td><td colspan="3">Tüzel:</td><td colspan="3">Devlet:</td></tr>
<tr><td colspan="2">Gövde Özellikleri</td><td colspan="2">Dipte Çatal: Yok</td><td colspan="3">-</td><td colspan="3">Ur – Şişlik: Yok</td></tr>
<tr><td colspan="2">Genel Görünüm</td><td colspan="2">Düzgün:</td><td colspan="2">Budanmamış: X</td><td>Budanmış:</td><td colspan="3">Özellik: Yok</td></tr>
<tr><td rowspan="3">Sağlık Durumu</td><td rowspan="3">Sağlıklı X</td><td rowspan="3" colspan="2">Böcek:
Mantar:</td><td colspan="2">Tepe Çökmesi</td><td>Yaralı:</td><td colspan="3">Kovuk:</td></tr>
<tr><td>Yeni</td><td>İleri</td><td rowspan="2">Yar. Yerin
Çev.: cm
Gen.: cm</td><td rowspan="2" colspan="3">Kovuklu Yerin
Çevresi: cm
Genişliği: cm</td></tr>
<tr><td>-</td><td>-</td></tr>
<tr><td colspan="2">Tescil Durumu ve Anıtsal Değeri</td><td colspan="6">Tescilli değil. Anıtsal Puan: 47
ŞAD 47 > MAD 24</td><td colspan="2" rowspan="3"></td></tr>
<tr><td colspan="2">Yöre Folklorundaki Yeri ve Tarihsel Özellikleri</td><td colspan="6"></td></tr>
<tr><td colspan="2">Diğer Açıklamalar ve Öneriler</td><td colspan="6">Boyutsal Anıt Ağaç olarak kaydedilmesi gerekmektedir.</td></tr>
</table>

Şekil 42: Mz – 55 / Lâdik / 08 (Arslantaş) kodlu ağaca ait envanter karnesi

ANIT AĞAÇ ENVANTER KARNESİ	
Tür Adı (Türkçe): Sapsız Meşe	Kod No: Mz – 55 / Lâdik / 09 (Kabacagöz)
Tür Adı (Bilimsel): *Quercus petraea*	İl: Samsun
Mahalle – Önerilen Adı: Çerkez Meşesi	İlçe: Lâdik
Ölçüm Tarihi: 16.09.2021	Mahalle: Kabacagöz
Ölçen(ler):	Orman İşletme Müdürlüğü: Kavak
Pafta No:	Seri:
Enlem: 40.908198	Mevkii:
Boylam: 36.071630	Bölme No:

Yükselti (m)	Bakı	Eğim (%)	Rölyef	Bulunduğu Yer
1000	-	-	6	5

Boy (m)	Tahmini Yaş (Yıl):	Tepe Çapı (m)		Kabuklu Çevre (cm)		Kabuklu Çap (cm)	
		K-G	D-B	Toprak Yüzeyi	Yerden 1,30 m Yükseklikte	Toprak Yüzeyi	Yerden 1,30 m Yükseklikte
17	230	22	22,5	470	400	149	140

Mülkiyet Durumu	Özel: X		Tüzel:		Devlet:
Gövde Özellikleri	Dipte Çatal: Yok		-		Ur – Şişlik: Yok
Genel Görünüm	Düzgün: X		Budanmamış: X	Budanmış:	Özellik: Yok
Sağlık Durumu	Sağlıklı X	Böcek: Mantar:	Tepe Çökmesi: Yeni - / İleri -	Yaralı: Yar. Yerin Çev.: cm Gen.: cm	Kovuk: Kovuklu Yerin Çevresi: cm Genişliği: cm

Tescil Durumu ve Anıtsal Değeri	Tescilli değil. Anıtsal Puan: 36 ŞAD 36 > MAD 24
Yöre Folklorundaki Yeri ve Tarihsel Özellikleri	
Diğer Açıklamalar ve Öneriler	Boyutsal Anıt Ağaç olarak kaydedilmesi gerekmektedir.

Şekil 43: Mz – 55 / Lâdik / 09 (Kabacagöz) kodlu ağaca ait envanter karnesi

ANIT AĞAÇ ENVANTER KARNESİ

Tür Adı (Türkçe): Sapsız Meşe	Kod No: Mz – 55 / Lâdik / 10 (Kabacagöz)
Tür Adı (Bilimsel): *Quercus petraea*	İl: Samsun
Önerilen Adı: Çorak Meşe	İlçe: Lâdik
Ölçüm Tarihi: 16.09.2021	Mahalle: Kabacagöz
Ölçen(ler):	Orman İşletme Müdürlüğü: Kavak
Pafta No:	Seri:
Enlem: 40.908331	Mevkii:
Boylam: 36.071344	Bölme No:

Yükselti (m)	Bakı	Eğim (%)	Rölyef	Bulunduğu Yer
1000	-	-	6	5

Boy (m)	Tahmini Yaş (Yıl):	Tepe Çapı (m)		Kabuklu Çevre (cm)		Kabuklu Çap (cm)	
		K-G	D-B	Toprak Yüzeyi	Yerden 1,30 m Yükseklikte	Toprak Yüzeyi	Yerden 1,30 m Yükseklikte
15	200	23	22,5	500	400	159	127

Mülkiyet Durumu	Özel:	Tüzel:		Devlet: X
Gövde Özellikleri	Dipte Çatal: Yok	-		Ur – Şişlik: Yok
Genel Görünüm	Düzgün: X	Budanmamış: X	Budanmış	Özellik: Yok

Sağlık Durumu	Sağlıklı:	Böcek: Mantar:	Tepe Çökmesi		Yaralı:	Kovuk:
			Yeni	İleri	Yar. Yerin Çev.: cm Gen.: cm	Kovuklu Yerin Çevresi: cm Genişliği: cm
			-	-		

Tescil Durumu ve Anıtsal Değeri	Tescilli değil. Anıtsal Puan: 36 ŞAD 36 > MAD 24
Yöre Folklorundaki Yeri ve Tarihsel Özellikleri	
Diğer Açıklamalar ve Öneriler	Boyutsal Anıt Ağaç olarak kaydedilmesi gerekmektedir.

Şekil 44: Mz – 55 / Lâdik / 10 (Kabacagöz) kodlu ağaca ait envanter karnesi

ANIT AĞAÇ ENVANTER KARNESİ

Tür Adı (Türkçe): Sapsız Meşe	Kod No: Mz – 55 / Lâdik / 11 (Kabacagöz)
Tür Adı (Bilimsel): *Quercus petraea*	İl: Samsun
Önerilen Adı: Çay Meşesi	İlçe: Lâdik
Ölçüm Tarihi: 16.09.2021	Mahalle: Kabacagöz
Ölçen(ler):	Orman İşletme Müdürlüğü: Kavak
Pafta No:	Seri:
Enlem: 40.907985	Mevkii:
Boylam: 36.071700	Bölme No:

Yükselti (m)	Bakı	Eğim (%)	Rölyef	Bulunduğu Yer
1000	-	-	6	5

Boy (m)	**Tahmini Yaş (Yıl):**	**Tepe Çapı (m)**		**Kabuklu Çevre (cm)**		**Kabuklu Çap (cm)**	
		K-G	D-B	Toprak Yüzeyi	Yerden 1,30 m Yükseklikte	Toprak Yüzeyi	Yerden 1,30 m Yükseklikte
21	150	14,5	14	350	310	111	98

Mülkiyet Durumu	Özel: X	Tüzel:		Devlet:
Gövde Özellikleri	Dipte Çatal: Yok	-		Ur – Şişlik: Yok
Genel Görünüm	Düzgün: X	Budanmamış: X	Budanmış:	Özellik: Yok

Sağlık Durumu	Sağlıklı X	Böcek: Mantar:	Tepe Çökmesi		Yaralı:	Kovuk:
			Yeni	İleri	Yar. Yerin Çev.: cm Gen.: cm	Kovuklu Yerin Çevresi: cm Genişliği: cm
			-	-		

Tescil Durumu ve Anıtsal Değeri	Tescilli değil. Anıtsal Puan: 31 ŞAD 31 > MAD 24
Yöre Folklorundaki Yeri ve Tarihsel Özellikleri	
Diğer Açıklamalar ve Öneriler	Boyutsal Anıt Ağaç olarak kaydedilmesi gerekmektedir.

Şekil 45: Mz – 55 / Lâdik / 11 (Kabacagöz) kodlu ağaca ait envanter karnesi

ANIT AĞAÇ ENVANTER KARNESİ	
Tür Adı (Türkçe): Saplı Meşe	Kod No: Ms – 55 / Lâdik / 12 (Kabacagöz)
Tür Adı (Bilimsel): *Quercus robur*	İl: Samsun
Önerilen Adı: Çetin Meşe	İlçe: Lâdik
Ölçüm Tarihi: 16.09.2021	Belde – Köy – Mahalle: Kabacagöz
Ölçen(ler):	Orman İşletme Müdürlüğü: Kavak
Pafta No:	Seri:
Enlem: 40.908206	Mevkii:
Boylam: 36.072627	Bölme No:

Yükselti (m)	Bakı	Eğim (%)	Rölyef	Bulunduğu Yer
1010	-	-	6	5

Boy (m)	**Tahmini Yaş (Yıl):**	**Tepe Çapı (m)**		**Kabuklu Çevre (cm)**		**Kabuklu Çap (cm)**	
		K-G	D-B	Toprak Yüzeyi	Yerden 1,30 m Yükseklikte	Toprak Yüzeyi	Yerden 1,30 m Yükseklikte
12	165	18,5	16	410	365	130	116

Mülkiyet Durumu	Özel: X	Tüzel:		Devlet:
Gövde Özellikleri	Dipte Çatal: Yok	-		Ur – Şişlik: Yok
Genel Görünüm	Düzgün:	Budanmamış: X	Budanmış:	Özellik: Yok

Sağlık Durumu	Sağlıklı X	Böcek: Mantar:	Tepe Çökmesi		Yaralı:	Kovuk:
			Yeni	İleri	Yar. Yerin Çev.: cm Gen.: cm	Kovuklu Yerin Çevresi: cm Genişliği: cm
			-	-		

Tescil Durumu ve Anıtsal Değeri	Tescilli değil. Anıtsal Puan: 27 ŞAD 27 ≥ MAD 27
Yöre Folklorundaki Yeri ve Tarihsel Özellikleri	
Diğer Açıklamalar ve Öneriler	Boyutsal Anıt Ağaç olarak kaydedilmesi gerekmektedir.

Şekil 46: Ms – 55 / Lâdik / 12 (Kabacagöz) kodlu ağaca ait envanter karnesi

ANIT AĞAÇ ENVANTER KARNESİ	
Tür Adı (Türkçe): Karaçam	Kod No: Çk – 55 / Lâdik / 13 (Hasırcı)
Tür Adı (Bilimsel): *Pinus nigra*	İl: Samsun
Önerilen Adı: Kambur Çam	İlçe: Lâdik
Ölçüm Tarihi: 16.09.2021	Mahalle: Hasırcı
Ölçen(ler):	Orman İşletme Müdürlüğü: Kavak
Pafta No:	Seri:
Enlem: 40.936967	Mevkii:
Boylam: 35.935259	Bölme No:

Yükselti (m)	Bakı	Eğim (%)	Rölyef	Bulunduğu Yer
962	-	-	1	4

Boy (m)	**Tahmini Yaş (Yıl):**	**Tepe Çapı (m)**		**Kabuklu Çevre (cm)**		**Kabuklu Çap (cm)**	
		K-G	D-B	Toprak Yüzeyi	Yerden 1,30 m Yükseklikte	Toprak Yüzeyi	Yerden 1,30 m Yükseklikte
7	260	11	11,5	260	280	82	89

Mülkiyet Durumu	Özel: X	Tüzel:		Devlet: X
Gövde Özellikleri	Dipte Çatal: Yok	-		Ur – Şişlik: Yok
Genel Görünüm	Düzgün:	Budanmamış: X	Budanmış:	Özellik: Yok

Sağlık Durumu	Sağlıklı:	Böcek: Mantar:	Tepe Çökmesi		Yaralı:	Kovuk:
			Yeni	İleri	Yar. Yerin Çev.: cm Gen.: cm	Kovuklu Yerin Çevresi: cm Genişliği: cm
			-	-		

Tescil Durumu ve Anıtsal Değeri	Tescilli değil. Anıtsal Puan: 28 ŞAD 28 > MAD 21
Yöre Folklorundaki Yeri ve Tarihsel Özellikleri	
Diğer Açıklamalar ve Öneriler	Boyutsal Anıt Ağaç olarak kaydedilmesi gerekmektedir.

Şekil 47: Çk – 55 / Lâdik / 13 (Hasırcı) kodlu ağaca ait envanter karnesi

ANIT AĞAÇ ENVANTER KARNESİ	
Tür Adı (Türkçe): Sivri Meyveli Dişbudak	Kod No: Dşsm – 55 / Lâdik / 14 (Hamit)
Tür Adı (Bilimsel): *Fraxinus angustifolia*	İl: Samsun
Önerilen Adı: Dikili Dişbudak	İlçe: Lâdik
Ölçüm Tarihi: 18.09.2021	Mahalle: Hamit
Ölçen(ler):	Orman İşletme Müdürlüğü: Kavak
Pafta No:	Seri:
Enlem: 40.908692	Mevkii:
Boylam: 35.892055	Bölme No:

Yükselti (m)	Bakı	Eğim (%)	Rölyef	Bulunduğu Yer
945	-	-	1	4

Boy (m)	**Tahmini Yaş (Yıl):**	**Tepe Çapı (m)**		**Kabuklu Çevre (cm)**		**Kabuklu Çap (cm)**	
		K-G	D-B	Toprak Yüzeyi	Yerden 1,30 m Yükseklikte	Toprak Yüzeyi	Yerden 1,30 m Yükseklikte
14,5	245	17,5	16	410	380	130	120

Mülkiyet Durumu	Özel:	Tüzel:		Devlet: X
Gövde Özellikleri	Dipte Çatal: Yok	-		Ur – Şişlik: Yok
Genel Görünüm	Düzgün:	Budanmamış: X	Budanmış	Özellik: Yok

Sağlık Durumu	Sağlıklı:	Böcek: Mantar: X	Tepe Çökmesi		Yaralı:	Kovuk:
			Yeni	İleri	Yar. Yerin Çev.: cm	Kovuklu Yerin Çevresi: cm
			-	-	Gen.: cm	Genişliği: cm

Tescil Durumu ve Anıtsal Değeri	Tescilli değil. Anıtsal Puan: 34 ŞAD 34 > MAD 15
Yöre Folklorundaki Yeri ve Tarihsel Özellikleri	
Diğer Açıklamalar ve Öneriler	Boyutsal Anıt Ağaç olarak kaydedilmesi gerekmektedir.

Şekil 48: Dşsm – 55 / Lâdik / 14 (Hamit) kodlu ağaca ait envanter karnesi

ANIT AĞAÇ ENVANTER KARNESİ	
Tür Adı (Türkçe): Sapsız Meşe	Kod No: Mz – 55 / Lâdik / 15 (Büyükalan)
Tür Adı (Bilimsel): *Quercus petraea*	İl: Samsun
Önerilen Adı: Cengiz Bey Meşesi	İlçe: Lâdik
Ölçüm Tarihi: 18.09.2021	Belde – Köy – Mahalle: Büyükalan
Ölçen(ler):	Orman İşletme Müdürlüğü: Kavak
Pafta No:	Seri:
Enlem: 40.919100	Mevkii:
Boylam: 36.135932	Bölme No:

Yükselti (m)	Bakı	Eğim (%)	Rölyef	Bulunduğu Yer
1013	-	-	2	4

Boy (m)	**Tahmini Yaş (Yıl):**	**Tepe Çapı (m)**		**Kabuklu Çevre (cm)**		**Kabuklu Çap (cm)**	
		K-G	D-B	Toprak Yüzeyi	Yerden 1,30 m Yükseklikte	Toprak Yüzeyi	Yerden 1,30 m Yükseklikte
18	100	16	14	330	300	105	95

Mülkiyet Durumu	Özel: X	Tüzel:		Devlet:
Gövde Özellikleri	Dipte Çatal: Yok	-		Ur – Şişlik: Yok
Genel Görünüm	Düzgün: X	Budanmamış: X	Budanmış:	Özellik: Yok

Sağlık Durumu	Sağlıklı X	Böcek: Mantar:	Tepe Çökmesi		Yaralı:	Kovuk:
			Yeni	İleri	Yar. Yerin Çev.: cm Gen.: cm	Kovuklu Yerin Çevresi: cm Genişliği: cm
			-	-		

Tescil Durumu ve Anıtsal Değeri	Tescilli değil. Anıtsal Puan: 29 ŞAD 29 > MAD 24
Yöre Folklorundaki Yeri ve Tarihsel Özellikleri	
Diğer Açıklamalar ve Öneriler	Boyutsal Anıt Ağaç olarak kaydedilmesi gerekmektedir.

Şekil 49: Mz – 55 / Lâdik / 15 (Büyükalan) kodlu ağaca ait envanter karnesi

ANIT AĞAÇ ENVANTER KARNESİ	
Tür Adı (Türkçe): Saplı Meşe	Kod No: Ms – 55 / Lâdik / 16 (Karaabdal)
Tür Adı (Bilimsel): *Quercus robur*	İl: Samsun
Önerilen Adı: Şen Meşe	İlçe: Lâdik
Ölçüm Tarihi: 18.09.2021	Mahalle: Karaabdal
Ölçen(ler):	Orman İşletme Müdürlüğü: Kavak
Pafta No:	Seri:
Enlem: 40.956218	Mevkii:
Boylam: 36.135705	Bölme No:

Yükselti m)	Bakı	Eğim (%)	Rölyef	Bulunduğu Yer
765	-	-	3	4

Boy (m)	**Tahmini Yaş (Yıl):**	**Tepe Çapı (m)**		**Kabuklu Çevre (cm)**		**Kabuklu Çap (cm)**	
		K-G	D-B	Toprak Yüzeyi	Yerden 1,30 m Yükseklikte	Toprak Yüzeyi	Yerden 1,30 m Yükseklikte
18	250	21	19	530	500	168	159

Mülkiyet Durumu	Özel:	Tüzel:		Devlet: X
Gövde Özellikleri	Dipte Çatal: Yok	-		Ur – Şişlik: Yok
Genel Görünüm	Düzgün: X	Budanmamış: X	Budanmış:	Özellik: Yok

Sağlık Durumu	Sağlıklı X	Böcek: Mantar:	Tepe Çökmesi		Yaralı:	Kovuk:
			Yeni	İleri	Yar. Yerin Çev.: cm Gen.: cm	Kovuklu Yerin Çevresi: cm Genişliği: cm
			-	-		

Tescil Durumu ve Anıtsal Değeri	Tescili değil. Anıtsal Puan: 43 ŞAD 43 > MAD 27
Yöre Folklorundaki Yeri ve Tarihsel Özellikleri	
Diğer Açıklamalar ve Öneriler	Boyutsal Anıt Ağaç olarak kaydedilmesi gerekmektedir.

Şekil 50: Ms – 55 / Lâdik / 16 (Karaabdal) kodlu ağaca ait envanter karnesi

ANIT AĞAÇ ENVANTER KARNESİ	
Tür Adı (Türkçe): Sapsız Meşe	Kod No: Mz – 55 / Lâdik / 17 (Güvenli)
Tür Adı (Bilimsel): *Quercus petraea*	İl: Samsun
Önerilen Adı: Yüksek Meşe	İlçe: Lâdik
Ölçüm Tarihi: 18.09.2021	Mahalle: Güvenli
Ölçen(ler):	Orman İşletme Müdürlüğü: Kavak
Pafta No:	Seri:
Enlem: 40.939808	Mevkii:
Boylam: 36.029821	Bölme No:

Yükselti (m)	Bakı	Eğim (%)	Rölyef	Bulunduğu Yer
998	-	-	1	4

Boy (m)	**Tahmini Yaş (Yıl):**	**Tepe Çapı (m)**		**Kabuklu Çevre (cm)**		**Kabuklu Çap (cm)**	
		K-G	D-B	Toprak Yüzeyi	Yerden 1,30 m Yükseklikte	Toprak Yüzeyi	Yerden 1,30 m Yükseklikte
15	185	19	17	320	300	101	95

Mülkiyet Durumu	Özel: X	Tüzel:		Devlet:
Gövde Özellikleri	Dipte Çatal: Yok	-		Ur – Şişlik: Yok
Genel Görünüm	Düzgün: x	Budanmamış: X	Budanmış:	Özellik: Yok

Sağlık Durumu	Sağlıklı X	Böcek: Mantar:	Tepe Çökmesi		Yaralı:	Kovuk:
			Yeni	İleri	Yar. Yerin Çev.: cm Gen.: cm	Kovuklu Yerin Çevresi: cm Genişliği: cm
			-	-		

Tescil Durumu ve Anıtsal Değeri	Tescilli değil. Anıtsal Puan: 28 ŞAD 28 > MAD 24
Yöre Folklorundaki Yeri ve Tarihsel Özellikleri	
Diğer Açıklamalar ve Öneriler	Boyutsal Anıt Ağaç olarak kaydedilmesi gerekmektedir.

Şekil 51: Mz – 55 / Lâdik / 17 (Güvenli) kodlu ağaca ait envanter karnesi

ANIT AĞAÇ ENVANTER KARNESİ	
Tür Adı (Türkçe): Sapsız Meşe	Kod No: Mz – 55 / Lâdik / 18 (Güvenli)
Tür Adı (Bilimsel): *Quercus petraea*	İl: Samsun
Önerilen Adı: Çiçekli Meşe	İlçe: Lâdik
Ölçüm Tarihi: 18.09.2021	Mahalle: Güvenli
Ölçen(ler):	Orman İşletme Müdürlüğü: Kavak
Pafta No:	Seri:
Enlem: 40.939957	Mevkii:
Boylam: 36.029672	Bölme No:

Yükselti (m)	Bakı	Eğim (%)	Rölyef	Bulunduğu Yer
997	-	-	1	4

Boy (m)	**Tahmini Yaş (Yıl):**	**Tepe Çapı (m)**		**Kabuklu Çevre (cm)**		**Kabuklu Çap (cm)**	
		K-G	D-B	Toprak Yüzeyi	Yerden 1,30 m Yükseklikte	Toprak Yüzeyi	Yerden 1,30 m Yükseklikte
22	125	17,5	16,5	380	340	120	108

Mülkiyet Durumu	Özel: X	Tüzel:		Devlet:
Gövde Özellikleri	Dipte Çatal: Yok	-		Ur – Şişlik: Yok
Genel Görünüm	Düzgün: X	Budanmamış: X	Budanmış:	Özellik: Yok

Sağlık Durumu	Sağlıklı:	Böcek: Mantar:	Tepe Çökmesi		Yaralı:	Kovuk:
			Yeni	İleri	Yar. Yerin Çev.: cm Gen.: cm	Kovuklu Yerin Çevresi: cm Genişliği: cm
			-	-		

Tescil Durumu ve Anıtsal Değeri	Tescilli değil. Anıtsal Puan: 31 ŞAD 31 > MAD 24
Yöre Folklorundaki Yeri ve Tarihsel Özellikleri	
Diğer Açıklamalar ve Öneriler	Boyutsal Anıt Ağaç olarak kaydedilmesi gerekmektedir.

Şekil 52: Mz – 55 / Lâdik / 18 (Güvenli) kodlu ağaca ait envanter karnesi

ANIT AĞAÇ ENVANTER KARNESİ	
Tür Adı (Türkçe): Sapsız Meşe	Kod No: Mz – 55 / Lâdik / 19 (Güvenli)
Tür Adı (Bilimsel): *Quercus petraea*	İl: Samsun
Önerilen Adı: Bahadır Meşe	İlçe: Lâdik
Ölçüm Tarihi: 18.09.2021	Mahalle: Güvenli
Ölçen(ler):	Orman İşletme Müdürlüğü: Kavak
Pafta No:	Seri:
Enlem: 40.935916	Mevkii:
Boylam: 36.028409	Bölme No:

Yükselti (m)	Bakı	Eğim (%)	Rölyef	Bulunduğu Yer
925	-	-	3	4

Boy (m)	**Tahmini Yaş (Yıl):**	**Tepe Çapı (m)**		**Kabuklu Çevre (cm)**		**Kabuklu Çap (cm)**	
		K-G	D-B	Toprak Yüzeyi	Yerden 1,30 m Yükseklikte	Toprak Yüzeyi	Yerden 1,30 m Yükseklikte
18	240	20	16,5	900	780	286	248

Mülkiyet Durumu	Özel: X		Tüzel:		Devlet:
Gövde Özellikleri	Dipte Çatal: Yok		-		Ur – Şişlik: Yok
Genel Görünüm	Düzgün: X		Budanmamış: X	Budanmış	Özellik: Yok
Sağlık Durumu	Sağlıklı: X	Böcek: Mantar:	Tepe Çökmesi: Yeni - İleri -	Yaralı: Yar. Yerin Çev.: cm Gen.: cm	Kovuk: Kovuklu Yerin Çevresi: cm Genişliği: cm

Tescil Durumu ve Anıtsal Değeri	Tescilli değil. Anıtsal Puan: 48 ŞAD 48 > MAD 24
Yöre Folklorundaki Yeri ve Tarihsel Özellikleri	
Diğer Açıklamalar ve Öneriler	Boyutsal Anıt Ağaç olarak kaydedilmesi gerekmektedir.

Şekil 53: Mz – 55 / Lâdik / 19 (Güvenli) kodlu ağaca ait envanter karnesi

ANIT AĞAÇ ENVANTER KARNESİ	
Tür Adı (Türkçe): Sapsız Meşe	Kod No: Mz – 55 / Vezirköprü / 01 (Çalköy)
Tür Adı (Bilimsel): *Quercus petraea*	İl: Samsun
Önerilen Adı: Afacanlar Meşesi	İlçe: Vezirköprü
Ölçüm Tarihi: 21.09.2021	Mahalle: Çalköy
Ölçen(ler):	Orman İşletme Müdürlüğü: Vezirköprü
Pafta No:	Seri:
Enlem: 41.153128	Mevkii:
Boylam: 35.504375	Bölme No:

Yükselti (m)	Bakı	Eğim (%)	Rölyef	Bulunduğu Yer
290	-	-	6	4

Boy (m)	**Tahmini Yaş (Yıl):**	**Tepe Çapı (m)**		**Kabuklu Çevre (cm)**		**Kabuklu Çap (cm)**	
		K-G	D-B	Toprak Yüzeyi	Yerden 1,30 m Yükseklikte	Toprak Yüzeyi	Yerden 1,30 m Yükseklikte
20	155	25	25,5	370	340	117	108

Mülkiyet Durumu	Özel:	Tüzel:		Devlet: X
Gövde Özellikleri	Dipte Çatal: Yok	-		Ur – Şişlik: Yok
Genel Görünüm	Düzgün: X	Budanmamış: X	Budanmış	Özellik: Yok

Sağlık Durumu	Sağlıklı:	Böcek: Mantar:	Tepe Çökmesi		Yaralı:	Kovuk:
			Yeni	İleri	Yar. Yerin Çev.: cm Gen.: cm	Kovuklu yerin Çevresi: cm Genişliği: cm
			-	-		

Tescil Durumu ve Anıtsal Değeri	Tescilli değil. Anıtsal Puan: 34 ŞAD 34 > MAD 24
Yöre Folklorundaki Yeri ve Tarihsel Özellikleri	
Diğer Açıklamalar ve Öneriler	Boyutsal Anıt Ağaç olarak kaydedilmesi gerekmektedir.

Şekil 54: Mz – 55 / Vezirköprü / 01 (Çalköy) kodlu ağaca ait envanter karnesi

ANIT AĞAÇ ENVANTER KARNESİ	
Tür Adı (Türkçe): Adi Çitlembik	Kod No: Ç – 55 / Vezirköprü / 02 (Akören)
Tür Adı (Bilimsel): *Celtis australis*	İl: Samsun
Önerilen Adı: Ak Çitlembik	İlçe: Vezirköprü
Ölçüm Tarihi: 21.09.2021	Mahalle: Akören
Ölçen(ler):	Orman İşletme Müdürlüğü: Vezirköprü
Pafta No:	Seri:
Enlem: 41.191622	Mevkii:
Boylam: 35.462510	Bölme No:

Yükselti (m)	Bakı	Eğim (%)	Rölyef	Bulunduğu Yer
339	-	-	6	5

Boy (m)	**Tahmini Yaş (Yıl):**	**Tepe Çapı (m)**		**Kabuklu Çevre (cm)**		**Kabuklu Çap (cm)**	
		K-G	D-B	Toprak Yüzeyi	Yerden 1,30 m Yükseklikte	Toprak Yüzeyi	Yerden 1,30 m Yükseklikte
16	260	18	14	600	510	190	162

Mülkiyet Durumu	Özel:	Tüzel:		Devlet: X
Gövde Özellikleri	Dipte Çatal: Yok	-		Ur – Şişlik: Yok
Genel Görünüm	Düzgün:	Budanmamış X	Budanmış:	Özellik: Yok

Sağlık Durumu	Sağlıklı:	Böcek: Mantar:	Tepe Çökmesi		Yaralı:	Kovuk:
			Yeni	İleri	Yar. Yerin Çev.: cm Gen.: cm	Kovuklu yerin Çevresi: 500 cm Genişliği: 140 cm
			-	-		

Tescil Durumu ve Anıtsal Değeri	Tescilli değil. Anıtsal Puan: 66
Yöre Folklorundaki Yeri ve Tarihsel Özellikleri	ŞAD 66 > MAD 47
Diğer Açıklamalar ve Öneriler	Boyutsal Anıt Ağaç olarak kaydedilmesi gerekmektedir.

Şekil 55: Ç – 55 / Vezirköprü / 02 (Akören) kodlu ağaca ait envanter karnesi

ANIT AĞAÇ ENVANTER KARNESİ	
Tür Adı (Türkçe): Sapsız Meşe	Kod No: Mz – 55 / Vezirköprü / 03 (Samur)
Tür Adı (Bilimsel): *Quercus petraea*	İl: Samsun
Önerilen Adı: Samur Meşesi	İlçe: Vezirköprü
Ölçüm Tarihi: 21.09.2021	Mahalle: Samur
Ölçen(ler):	Orman İşletme Müdürlüğü: Vezirköprü
Pafta No:	Seri:
Enlem: 41.223706	Mevkii:
Boylam: 35.470240	Bölme No:

Yükselti (m)	Bakı	Eğim (%)	Rölyef	Bulunduğu Yer
517	-	-	6	5

Boy (m)	**Tahmini Yaş (Yıl):**	**Tepe Çapı (m)**		**Kabuklu Çevre (cm)**		**Kabuklu Çap (cm)**	
		K-G	D-B	Toprak Yüzeyi	Yerden 1,30 m Yükseklikte	Toprak Yüzeyi	Yerden 1,30 m Yükseklikte
11	395	14,5	13,5	380	360	120	114

Mülkiyet Durumu	Özel: X		Tüzel:		Devlet:
Gövde Özellikleri	Dipte Çatal: Yok		-		Ur – Şişlik: Yok
Genel Görünüm	Düzgün:		Budanmamış: X	Budanmış:	Özellik:
Sağlık Durumu	Sağlıklı:	Böcek: Mantar:	Tepe Çökmesi: Yeni: X, İleri: -	Yaralı: Yar. Yerin Çev.: cm Gen.: cm	Kovuk: Kovuklu yerin Çevresi: cm Genişliği: cm

Tescil Durumu ve Anıtsal Değeri	Tescilli değil. Anıtsal Puan: 30 ŞAD 30 > MAD 24
Yöre Folklorundaki Yeri ve Tarihsel Özellikleri	
Diğer Açıklamalar ve Öneriler	Boyutsal Anıt Ağaç olarak kaydedilmesi gerekmektedir.

Şekil 56: Mz – 55 / Vezirköprü / 03 (Samur) kodlu ağaca ait envanter karnesi

ANIT AĞAÇ ENVANTER KARNESİ	
Tür Adı (Türkçe): Sapsız Meşe	Kod No: Mz – 55 / Vezirköprü / 04 (Samur)
Tür Adı (Bilimsel): *Quercus petraea*	İl: Samsun
Önerilen Adı: Samur Meşesi	İlçe: Vezirköprü
Ölçüm Tarihi: Semerli Meşe	Mahalle: Samur
Ölçen(ler): 21.09.2021	Orman İşletme Müdürlüğü: Vezirköprü
Pafta No:	Seri:
Enlem: 41.224088	Mevkii:
Boylam: 35.469963	Bölme No:

Yükselti (m)	Bakı	Eğim (%)	Rölyef	Bulunduğu Yer
510	-	-	6	5

Boy (m)	**Tahmini Yaş (Yıl):**	**Tepe Çapı (m)**		**Kabuklu Çevre (cm)**		**Kabuklu Çap (cm)**	
		K-G	D-B	Toprak Yüzeyi	Yerden 1,30 m Yükseklikte	Toprak Yüzeyi	Yerden 1,30 m Yükseklikte
8	410	9	9	350	350	111	111

Mülkiyet Durumu	Özel: X	Tüzel:		Devlet:
Gövde Özellikleri	Dipte Çatal: Yok	-		Ur – Şişlik: Yok
Genel Görünüm	Düzgün:	Budanmamış: X	Budanmış:	Özellik: Yok

Sağlık Durumu	Sağlıklı:	Böcek: Mantar:	Tepe Çökmesi		Yaralı:	Kovuk:
			Yeni	İleri	Yar. Yerin Çev.: cm Gen.: cm	Kovuklu yerin Çevresi: cm Genişliği: cm
			X	-		

Tescil Durumu ve Anıtsal Değeri	Tescilli değil. Anıtsal Puan: 31 ŞAD 31 > MAD 24
Yöre Folklorundaki Yeri ve Tarihsel Özellikleri	
Diğer Açıklamalar ve Öneriler	Boyutsal Anıt Ağaç olarak kaydedilmesi gerekmektedir.

Şekil 57: Mz – 55 / Vezirköprü / 04 (Samur) kodlu ağaca ait envanter karnesi

ANIT AĞAÇ ENVANTER KARNESİ	
Tür Adı (Türkçe): Adi Çitlembik	Kod No: Ç – 55 / Vezirköprü / 05 (Örencik)
Tür Adı (Bilimsel): *Celtis australis*	İl: Samsun
Önerilen Adı: Kırmızı Çitlembik	İlçe: Vezirköprü
Ölçüm Tarihi: 21.09.2021	Mahalle: Örencik
Ölçen(ler):	Orman İşletme Müdürlüğü: Vezirköprü
Pafta No:	Seri:
Enlem: 41.218903	Mevkii:
Boylam: 35.394973	Bölme No:

Yükselti (m)	Bakı	Eğim (%)	Rölyef	Bulunduğu Yer
343	-	-	6	4

Boy (m)	**Tahmini Yaş (Yıl):**	**Tepe Çapı (m)**		**Kabuklu Çevre (cm)**		**Kabuklu Çap (cm)**	
		K-G	D-B	Toprak Yüzeyi	Yerden 1,30 m Yükseklikte	Toprak Yüzeyi	Yerden 1,30 m Yükseklikte
11,5	160	13,5	13	300	230	95	73

Mülkiyet Durumu	Özel: X	Tüzel:		Devlet:
Gövde Özellikleri	Dipte Çatal: Yok			Ur – Şişlik:
Genel Görünüm	Düzgün: X	Budanmamış X	Budanmış:	Özellik:

Sağlık Durumu	Sağlıklı: X	Böcek: Mantar:	Tepe Çökmesi		Yaralı:	Kovuk:
			Yeni	İleri	Yar. Yerin Çev.: cm Gen.: cm	Kovuklu yerin Çevresi: cm Genişliği: cm
			-	-		

Tescil Durumu ve Anıtsal Değeri	Tescilli değil. Anıtsal Puan: 37 ŞAD 37 < MAD 47
Yöre Folklorundaki Yeri ve Tarihsel Özellikleri	
Diğer Açıklamalar ve Öneriler	Aday Anıt Ağaç olarak kaydedilmesi gerekmektedir.

Şekil 58: Ç – 55 / Vezirköprü / 05 (Örencik) kodlu ağaca ait envanter karnesi

ANIT AĞAÇ ENVANTER KARNESİ	
Tür Adı (Türkçe): Adi Çitlembik	Kod No: Ç – 55 / Vezirköprü / 06 (Örencik)
Tür Adı (Bilimsel): *Celtis australis*	İl: Samsun
Önerilen Adı: Taşlı Çitlembik	İlçe: Vezirköprü
Ölçüm Tarihi: 21.09.2021	Mahalle: Örencik
Ölçen(ler):	Orman İşletme Müdürlüğü: Vezirköprü
Pafta No:	Seri:
Enlem: 41.218360	Mevkii:
Boylam: 35.395517	Bölme No:

Yükselti (m)	Bakı	Eğim (%)	Rölyef	Bulunduğu Yer
345	-	-	6	4

Boy (m)	**Tahmini Yaş (Yıl):**	**Tepe Çapı (m)**		**Kabuklu Çevre (cm)**		**Kabuklu Çap (cm)**	
		K-G	D-B	Toprak Yüzeyi	Yerden 1,30 m Yükseklikte	Toprak Yüzeyi	Yerden 1,30 m Yükseklikte
8	215	6	10	355	235	113	74

Mülkiyet Durumu	Özel: X	Tüzel:		Devlet:
Gövde Özellikleri	Dipte Çatal: Yok	-		Ur – Şişlik: Yok
Genel Görünüm	Düzgün:	Budanmamış:	Budanmış:	Özellik: Kök Şekillenmesi

Sağlık Durumu	Sağlıklı:	Böcek: Mantar:	Tepe Çökmesi		Yaralı:	Kovuk:
			Yeni	İleri	Yar. Yerin Çev.: cm Gen.: cm	Kovuklu yerin Çevresi: cm Genişliği: cm
			-	-		

Tescil Durumu ve Anıtsal Değeri	Tescilli değil. Anıtsal Puan: 34 ŞAD 34 < MAD 47
Yöre Folklorundaki Yeri ve Tarihsel Özellikleri	
Diğer Açıklamalar ve Öneriler	Aday Anıt Ağaç olarak kaydedilmesi gerekmektedir.

Şekil 59: Ç – 55 / Vezirköprü / 06 (Örencik) kodlu ağaca ait envanter karnesi

ANIT AĞAÇ ENVANTER KARNESİ

Tür Adı (Türkçe): Adi Çitlembik	Kod No: Ç – 55 / Vezirköprü / 07 (Örencik)
Tür Adı (Bilimsel): *Celtis australis*	İl: Samsun
Önerilen Adı: Yamalı Çitlembik	İlçe: Vezirköprü
Ölçüm Tarihi: 21.09.2021	Mahalle: Örencik
Ölçen(ler):	Orman İşletme Müdürlüğü: Vezirköprü
Pafta No:	Seri:
Enlem: 41.218179	Mevkii:
Boylam: 35.394670	Bölme No:

Yükselti (m)	Bakı	Eğim (%)	Rölyef	Bulunduğu Yer
342	-	-	6	4

Boy (m)	**Tahmini Yaş (Yıl):**	**Tepe Çapı (m)**		**Kabuklu Çevre (cm)**		**Kabuklu Çap (cm)**	
		K-G	D-B	Toprak Yüzeyi	Yerden 1,30 m Yükseklikte	Toprak Yüzeyi	Yerden 1,30 m Yükseklikte
9	240	9,5	11,5	400	290	127	92

Mülkiyet Durumu	Özel: X	Tüzel:		Devlet:
Gövde Özellikleri	Dipte Çatal: Yok	-		Ur – Şişlik: Yok
Genel Görünüm	Düzgün: X	Budanmamış:	Budanmış X	Özellik: Yok

Sağlık Durumu	Sağlıklı:	Böcek: Mantar:	Tepe Çökmesi		Yaralı:	Kovuk:
			Yeni	İleri	Yar. Yerin Çev.: cm Gen.: cm	Kovuklu yerin Çevresi: 290 cm Genişliği: 50 cm
			-	-		

Tescil Durumu ve Anıtsal Değeri	Tescilli değil. Anıtsal Puan: 38 ŞAD 38 < MAD 47
Yöre Folklorundaki Yeri ve Tarihsel Özellikleri	
Diğer Açıklamalar ve Öneriler	Aday Anıt Ağaç olarak kaydedilmesi gerekmektedir.

Şekil 60: Ç – 55 / Vezirköprü / 07 (Örencik) kodlu ağaca ait envanter karnesi

ANIT AĞAÇ ENVANTER KARNESİ							
Tür Adı (Türkçe): Adi Çitlembik				Kod No: Ç – 55 / Vezirköprü / 08 (Örencik)			
Tür Adı (Bilimsel): *Celtis australis*				İl: Samsun			
Önerilen Adı: Beyaz Çitlembik				İlçe: Vezirköprü			
Ölçüm Tarihi: 21.09.2021				Mahalle: Örencik			
Ölçen(ler):				Orman İşletme Müdürlüğü: Vezirköprü			
Pafta No:				Seri:			
Enlem: 41.218751				Mevkii:			
Boylam: 35.394323				Bölme No:			
Yükselti (m)		Bakı		Eğim (%)	Rölyef	Bulunduğu Yer	
342		-		-	6	4	
Boy (m)	**Tahmini Yaş (Yıl):**	**Tepe Çapı (m)**		**Kabuklu Çevre (cm)**		**Kabuklu Çap (cm)**	
		K-G	D-B	Toprak Yüzeyi	Yerden 1,30 m Yükseklikte	Toprak Yüzeyi	Yerden 1,30 m Yükseklikte
11	350	8	14,5	440	310	140	98
Mülkiyet Durumu	Özel: X			Tüzel:		Devlet:	
Gövde Özellikleri	Dipte Çatal: Yok			-		Ur – Şişlik: Yok	
Genel Görünüm	Düzgün: X			Budanmamış:	Budanmış X	Özellik: Yok	
Sağlık Durumu	Sağlıklı:	Böcek: Mantar:		Tepe Çökmesi Yeni: - İleri: -	Yaralı: Yar. Yerin Çev.: cm Gen.: cm	Kovuk: Kovuklu yerin Çevresi: cm Genişliği: cm	
Tescil Durumu ve Anıtsal Değeri		Tescilli değil. Anıtsal Puan: 49 ŞAD 49 > MAD 47					
Yöre Folklorundaki Yeri ve Tarihsel Özellikleri							
Diğer Açıklamalar ve Öneriler		Boyutsal Anıt Ağaç olarak kaydedilmesi gerekmektedir.					

Şekil 61: Ç – 55 / Vezirköprü / 08 (Örencik) kodlu ağaca ait envanter karnesi

ANIT AĞAÇ ENVANTER KARNESİ	
Tür Adı (Türkçe): Boylu Ardıç	Kod No: Arb – 55 / Vezirköprü / 09 (Örencik)
Tür Adı (Bilimsel): *Juniperus excelsa*	İl: Samsun
Önerilen Adı: Üçüz Ardıç	İlçe: Vezirköprü
Ölçüm Tarihi: 21.09.2021	Mahalle: Örencik
Ölçen(ler):	Orman İşletme Müdürlüğü: Vezirköprü
Pafta No:	Seri:
Enlem: 41.208472	Mevkii:
Boylam: 35.396501	Bölme No:

Yükselti (m)	Bakı	Eğim (%)	Rölyef	Bulunduğu Yer
392	-	-	6	5

Boy (m)	**Tahmini Yaş (Yıl):**	**Tepe Çapı (m)**		**Kabuklu Çevre (cm)**		**Kabuklu Çap (cm)**	
		K-G	D-B	Toprak Yüzeyi	Yerden 1,30 m Yükseklikte	Toprak Yüzeyi	Yerden 1,30 m Yükseklikte
7,5	305	11	12	450	345	143	109

Mülkiyet Durumu	Özel:	Tüzel:		Devlet: X
Gövde Özellikleri	Dipte Çatal: Yok	-		Ur – Şişlik: Yok
Genel Görünüm	Düzgün: X	Budanmamış: X	Budanmış:	Özellik: Yok

Sağlık Durumu	Sağlıklı:	Böcek:	Tepe Çökmesi		Yaralı:	Kovuk:
	X	Mantar:	Yeni	İleri	Yar. Yerin Çev.: cm	Kovuklu yerin Çevresi: cm
			-	-	Gen.: cm	Genişliği: cm

Tescil Durumu ve Anıtsal Değeri	Tescilli değil. Anıtsal Puan: 45 ŞAD 45 > MAD 37
Yöre Folklorundaki Yeri ve Tarihsel Özellikleri	
Diğer Açıklamalar ve Öneriler	Boyutsal Anıt Ağaç olarak kaydedilmesi gerekmektedir

Şekil 62: Arb – 55 / Vezirköprü / 09 (Örencik) kodlu ağaca ait envanter karnesi

ANIT AĞAÇ ENVANTER KARNESİ	
Tür Adı (Türkçe): Saçlı Meşe	Kod No: Ml – 55 / Vezirköprü / 10 (Ağcayazı)
Tür Adı (Bilimsel): *Quercus cerris*	İl: Samsun
Önerilen Adı: Uzun Meşesi	İlçe: Vezirköprü
Ölçüm Tarihi: 23.09.2021	Mahalle: Ağcayazı
Ölçen(ler):	Orman İşletme Müdürlüğü: Vezirköprü
Pafta No:	Seri:
Enlem: 41.184604	Mevkii:
Boylam: 35.306003	Bölme No:

Yükselti (m)	Bakı	Eğim (%)	Rölyef	Bulunduğu Yer
219	-	-	1	4

Boy (m)	**Tahmini Yaş (Yıl):**	**Tepe Çapı (m)**		**Kabuklu Çevre (cm)**		**Kabuklu Çap (cm)**	
		K-G	D-B	Toprak Yüzeyi	Yerden 1,30 m Yükseklikte	Toprak Yüzeyi	Yerden 1,30 m Yükseklikte
20	170	24,5	24	400	335	127	106

Mülkiyet Durumu	Özel: X	Tüzel:		Devlet:
Gövde Özellikleri	Dipte Çatal: Yok	-		Ur – Şişlik: Yok
Genel Görünüm	Düzgün: X	Budanmamış:	Budanmış: X	Özellik: Yok

Sağlık Durumu	Sağlıklı	Böcek: Mantar:	Tepe Çökmesi		Yaralı:	Kovuk:
	X		Yeni	İleri	Yar. Yerin Çev.: cm	Kovuklu yerin Çevresi: cm
			-	-	Gen.: cm	Genişliği: cm

Tescil Durumu ve Anıtsal Değeri	Tescilli değil. Anıtsal Puan: 34 ŞAD 34 > MAD 24
Yöre Folklorundaki Yeri ve Tarihsel Özellikleri	
Diğer Açıklamalar ve Öneriler	Boyutsal Anıt Ağaç olarak kaydedilmesi gerekmektedir.

Şekil 63: Ml – 55 / Vezirköprü / 10 (Ağcayazı) kodlu ağaca ait envanter karnesi

ANIT AĞAÇ ENVANTER KARNESİ	
Tür Adı (Türkçe): Adi Çitlembik	Kod No: Ç– 55 / Vezirköprü / 11 (Beşpınar)
Tür Adı (Bilimsel): *Celtis australis*	İl: Samsun
Önerilen Adı: Taş Çitlembik	İlçe: Vezirköprü
Ölçüm Tarihi: 23.09.2021	Mahalle: Beşpınar
Ölçen(ler):	Orman İşletme Müdürlüğü: Vezirköprü
Pafta No:	Seri:
Enlem: 41.136941	Mevkii:
Boylam: 35.216759	Bölme No:

Yükselti (m)	Bakı	Eğim (%)	Rölyef	Bulunduğu Yer
704	-	-	1	5

Boy (m)	**Tahmini Yaş (Yıl):**	**Tepe Çapı (m)**		**Kabuklu Çevre (cm)**		**Kabuklu Çap (cm)**	
		K-G	D-B	Toprak Yüzeyi	Yerden 1,30 m Yükseklikte	Toprak Yüzeyi	Yerden 1,30 m Yükseklikte
12	290	22,5	14,5	330	280	105	89

Mülkiyet Durumu	Özel:	Tüzel:	Devlet: X
Gövde Özellikleri	Dipte Çatal: Yok	-	Ur – Şişlik: Yok
Genel Görünüm	Düzgün: X	Budanmamış: / Budanmış: X	Özellik: Yok

Sağlık Durumu	Sağlıklı:	Böcek: Mantar:	Tepe Çökmesi		Yaralı:	Kovuk:
			Yeni	İleri	Yar. Yerin Çev.: cm Gen.: cm	Kovuklu yerin Çevresi: cm Genişliği: cm
			-	-		

Tescil Durumu ve Anıtsal Değeri	Tescilli değil. Anıtsal Puan: 48 ŞAD 48 > MAD 47
Yöre Folklorundaki Yeri ve Tarihsel Özellikleri	
Diğer Açıklamalar ve Öneriler	Boyutsal Anıt Ağaç olarak kaydedilmesi gerekmektedir.

Şekil 64: Ç– 55 / Vezirköprü / 11 (Beşpınar) kodlu ağaca ait envanter karnesi

ANIT AĞAÇ ENVANTER KARNESİ	
Tür Adı (Türkçe): Saçlı Meşe	Kod No: Ml – 55 / Vezirköprü / 12 (Habibfakı)
Tür Adı (Bilimsel): *Quercus cerris*	İl: Samsun
Önerilen Adı: Gazi Meşesi	İlçe: Vezirköprü
Ölçüm Tarihi: 23.09.2021	Mahalle: Habibfakı
Ölçen(ler):	Orman İşletme Müdürlüğü: Vezirköprü
Pafta No:	Seri:
Enlem: 41.160076	Mevkii:
Boylam: 35.196563	Bölme No:

Yükselti (m)	Bakı	Eğim (%)	Rölyef	Bulunduğu Yer
555	-	-	6	5

Boy (m)	**Tahmini Yaş (Yıl):**	**Tepe Çapı (m)**		**Kabuklu Çevre (cm)**		**Kabuklu Çap (cm)**	
		K-G	D-B	Toprak Yüzeyi	Yerden 1,30 m Yükseklikte	Toprak Yüzeyi	Yerden 1,30 m Yükseklikte
19	175	29	21	530	350	168	111

Mülkiyet Durumu	Özel:	Tüzel:		Devlet: X
Gövde Özellikleri	Dipte Çatal: Yok	-		Ur – Şişlik: Yok
Genel Görünüm	Düzgün: X	Budanmamış: X	Budanmış:	Özellik: Yok

Sağlık Durumu					
	Sağlıklı X	Böcek: Mantar:	Tepe Çökmesi	Yaralı:	Kovuk:
			Yeni / İleri: - / -	Yar. Yerin Çev.: cm Gen.: cm	Kovuklu yerin Çevresi: cm Genişliği: cm

Tescil Durumu ve Anıtsal Değeri	Tescilli değil. Anıtsal Puan: 34 ŞAD 34 > MAD 24
Yöre Folklorundaki Yeri ve Tarihsel Özellikleri	
Diğer Açıklamalar ve Öneriler	Boyutsal Anıt Ağaç olarak kaydedilmesi gerekmektedir.

Şekil 65: Ml – 55 / Vezirköprü / 12 (Habibfakı) kodlu ağaca ait envanter karnesi

ANIT AĞAÇ ENVANTER KARNESİ	
Tür Adı (Türkçe): Saçlı Meşe	Kod No: Ml – 55 / Vezirköprü / 13 (Habibfakı)
Tür Adı (Bilimsel): *Quercus cerris*	İl: Samsun
Önerilen Adı: Gür Meşe	İlçe: Vezirköprü
Ölçüm Tarihi: 23.09.2021	Mahalle: Habibfakı
Ölçen(ler):	Orman İşletme Müdürlüğü: Vezirköprü
Pafta No:	Seri:
Enlem: 41.160158	Mevkii:
Boylam: 35.196996	Bölme No:

Yükselti (m)	Bakı	Eğim (%)	Rölyef	Bulunduğu Yer
555	-	-	6	4

Boy (m)	**Tahmini Yaş (Yıl):**	**Tepe Çapı (m)**		**Kabuklu Çevre (cm)**		**Kabuklu Çap (cm)**	
		K-G	D-B	Toprak Yüzeyi	Yerden 1,30 m Yükseklikte	Toprak Yüzeyi	Yerden 1,30 m Yükseklikte
18	170	19,5	30,5	450	390	143	124

Mülkiyet Durumu	Özel:		Tüzel:		Devlet: X
Gövde Özellikleri	Dipte Çatal: Yok		-		Ur – Şişlik: Yok
Genel Görünüm	Düzgün: X		Budanmamış: X	Budanmış:	Özellik: Yok
Sağlık Durumu	Sağlıklı X	Böcek: Mantar:	Tepe Çökmesi: Yeni - / İleri -	Yaralı: Yar. Yerin Çev.: cm Gen.: cm	Kovuk: Kovuklu yerin Çevresi: cm Genişliği: cm

Tescil Durumu ve Anıtsal Değeri	Tescilli değil. Anıtsal Puan: 34 ŞAD 34 > MAD 24
Yöre Folklorundaki Yeri ve Tarihsel Özellikleri	
Diğer Açıklamalar ve Öneriler	Boyutsal Anıt Ağaç olarak kaydedilmesi gerekmektedir.

Şekil 66: Ml – 55 / Vezirköprü / 13 (Habibfakı) kodlu ağaca ait envanter karnesi

ANIT AĞAÇ ENVANTER KARNESİ	
Tür Adı (Türkçe): Sapsız Meşe	Kod No: Mz – 55 / Vezirköprü / 14 (Sofular)
Tür Adı (Bilimsel): *Quercus petraea*	İl: Samsun
Önerilen Adı: Kunduz Meşesi	İlçe: Vezirköprü
Ölçüm Tarihi: 23.09.2021	Mahalle: Sofular
Ölçen(ler):	Orman İşletme Müdürlüğü: Vezirköprü
Pafta No:	Seri:
Enlem: 41.174295	Mevkii:
Boylam: 35.136821	Bölme No:

Yükselti (m)	Bakı	Eğim (%)	Rölyef	Bulunduğu Yer
875	-	-	2	5

Boy (m)	**Tahmini Yaş (Yıl):**	**Tepe Çapı (m)**		**Kabuklu Çevre (cm)**		**Kabuklu Çap (cm)**	
		K-G	D-B	Toprak Yüzeyi	Yerden 1,30 m Yükseklikte	Toprak Yüzeyi	Yerden 1,30 m Yükseklikte
11	275	10	10,5	620	580	197	184

Mülkiyet Durumu	Özel:	Tüzel:		Devlet: X
Gövde Özellikleri	Dipte Çatal: Var	-		Ur – Şişlik: Yok
Genel Görünüm	Düzgün:	Budanmamış:	Budanmış: X	Özellik: Yok

Sağlık Durumu	Sağlıklı:	Böcek: Mantar:	Tepe Çökmesi		Yaralı:	Kovuk:
			Yeni	İleri	Yar. Yerin Çev.: cm Gen.: cm	Kovuklu yerin Çevresi: 600 cm Genişliği: 70 cm
			-	-		

Tescil Durumu ve Anıtsal Değeri	Tescilli değil. Anıtsal Puan: 32 ŞAD 32 > MAD 24
Yöre Folklorundaki Yeri ve Tarihsel Özellikleri	
Diğer Açıklamalar ve Öneriler	Boyutsal Anıt Ağaç olarak kaydedilmesi gerekmektedir.

Şekil 67: Mz – 55 / Vezirköprü / 14 (Sofular) kodlu ağaca ait envanter karnesi

10. BÖLÜM

TESPİT EDİLEN AĞAÇLARIN SAMSUN İÇİN ÖNEMİ

Anıt ağaçlar, türlerinin sıradan ağaçlarına göre seçkin özellikleri olan ağaçlardır. Esas olarak fiziksel özellikleri ve kültürel değerleri ile ön plana çıkan ağaçlar zamanla mekânın bir parçası olarak kabul görmüşlerdir. Özellikleri itibariyle ayrıcalıklı olan anıt ağaçlar, bulundukları yeri de özel bir yer haline getirmiş olurlar.

Şu ana kadar Samsun'da 26 adet ağaç, anıt ağaç olarak tescillenmiştir. Bu çalışmada tespit edilen anıt ağaç ve aday anıt ağaçlarla mevcut sayıya katkı yapmak hedeflenmiştir. Bu ağaçların sayısının artması, anıt ağaçlardan yararlanma fırsatlarını da artıracak ve anıt ağaçlar keşfedilen yeni alanlar için imkanlar yaratacaktır. Anıt ağaçlardan bilimsel çalışmalarda, turizm faaliyetlerinde ve insanların doğa sevgisini ve çevre bilincini artırmakta yararlanılabilmektedir.

Samsun özelinde düşünüldüğünde tespit edilen ağaçların Samsun'da yapılabilecek bilimsel çalışmalara, turizm faaliyetlerinin gelişmesi ile yöre halkının ekonomisine, doğa sevgisi ve çevre bilincinin gelişmesi ile doğaya daha saygılı ve koruma bilincine sahip nesillerin yetişmesine katkı sağlayacağı düşünülmektedir.

10.1. Samsun'da Yapılabilecek Bilimsel Çalışmalar Açısından Önemi

Anıtsal niteliğe sahip ağaçlardan uzun ömürleri sayesinde uzun yıllık kronolojiler elde edilebilmektedir. Elde edilen kronolojinin uzunluğu o yöre hakkında daha fazla bilgi edinmeye imkân vermektedir. Samsun'da tespit edilen bu ağaçlardan bazıları uzun ömürleri sebebiyle bilimsel açıdan büyük önem arz etmektedir. Bu çalışmayla anıtsal değer taşıdığı tespit edilen ağaçlardan yararlanarak geçmiş dönemlerde meydana gelen çevresel olaylar hakkında bilgi edinmek mümkündür.

Ağaçlar yakınlarında meydana gelen tektonik hareketlerden etkilenmektedir. Lâdik ilçe sınırları içerisinde tespit edilen ağaçların bir kısmı Kuzey Anadolu Fay Zonu'nun tam üzerinde bir kısmı da yakınlarında yer almaktadır. Bu hat üzerinden meydana gelen 1943 depreminin Lâdik şehrine etkisi çok fazla olmuştur. Bu depremin ve geçmiş dönemlerde meydana gelen depremlerin ağaçları etkilenmesi ve ağaçların depremlerin etkilerini yıllık halkalarına kaydetmeleri muhtemeldir. Lâdik ilçesinde tespit edilen anıtsal değer taşıyan ağaçlarda dendroseismolojik ve dendrojeomorfolojik yöntemler kullanılarak yapılacak çalışmalar, 1943 depremini ve geçmiş dönemlerde meydana gelen depremleri bir kez de ağaçlar üzerindeki etkileriyle inceleme imkânı verecektir. Bu nedenle Lâdik ilçesinde KAF Zonu yakınlarında tespit edilen ağaçlar, bilimsel açıdan büyük önem taşımaktadır. Bu alanda çalışmaların yapılabilmesi için Kuzey Anadolu Fay Zonu'na en yakın ağaçlardan örnek alınması ve detaylı laboratuvar incelemeleri yapmak gerekmektedir.

Salıpazarı ilçesi, Tahnal Mahallesi'nde ölçümleri yapılan anıtsal meşcere ve anıtsal ağaçlar orman üst sınırında yer almaktadır. Dendroklimatoloji çalışmaları için gerekli sayıyı sağlayacak en az 10-15 adet ağaç bu alanda bulunmaktadır. Ölçümü yapılan meşceredeki ağaçların yaşları 130-255 arasında değişmektedir. Bu alandaki ağaçlardan alınacak örnekler ile yapılacak çalışmalarda yörenin yaklaşık olarak son 200-250 yıla ait iklim verileri elde etmek mümkün olacaktır. Dendroklimatolojik yöntemler ile bu yöredeki ağaçların yıllık halkalarının incelenmesi sonucunda sıcaklığın ağaçların büyümesi üzerindeki sınırlayıcı etkisi tespit edilebilecektir.

10.2. Samsun'da Yapılabilecek Turizm Faaliyetleri Açısından Önemi

Samsun il sınırları içerisinde pek çok doğal güzellik bulunmaktadır. Deltalar, şelaleler, göller, dağlık alanlar, korular ve plajlar bunlardan başlıcalarıdır. Bahsedilen bu alanlar, Samsun iline gelen yerli ve yabancı turistlerin en sık ziyaret ettiği alanlardır. Bu doğal güzelliklere yenilerini eklemek, turizm faaliyetlerinin çeşitlenmesine ve yeni rotalar oluşmasına imkân verecektir. Nitekim turizmi il geneline yaymak, yeni varış noktaları oluşturmak ile mümkündür. Bu çalışmada tespit edilen anıt ağaçların turizm faaliyetlerinde kullanılabilirliği lokasyon özelliklerine göre 4 başlık altından incelenmiştir.

a. Ekoturizm faaliyetlerinde kullanılabilecek anıt ağaçlar

Ormanların iç kesimlerinde ya da kırsal alanlarda az kişi tarafından varlığı bilinen pek çok anıt ağaç vardır (Şekil 68). Bu ağaçların uzun ömürlü olmasını, insanların tahrip edici etkilerinden uzak kalmaları sağlamıştır. Yine de bu ağaçların yaşamı kırsal bölgedeki insanların yakacak ihtiyacına bağlıdır.

Konumlarından kısaca ücra yerlerde diye bahsedebileceğimiz bu ağaçları korumak için ağaçların ziyaretlere hazır hale getirilmesi ve kırsalda yaşayan insanların da bu ağaçların değerlerini anlaması gerekmektedir. Görsel ayrıcalıkları ve üstün fiziksel özellikleri ile ön plana çıkan bu ağaçlar ekoturizm faaliyetlerinde değerlendirilip yöreye ekonomik gelir sağlamaya başladığında yerli halkın anıt ağaç farkındalığı artacaktır (Şen ve Bahadır, 2022).

Şekil 68: Ekoturizm faaliyetlerinde kullanılabilecek ağaçlar. Solda *Celtis australis* ve sağda *Quercus petreae.*

b. Tarihi yapılar ve anıt ağaçlar

Eski ev, çeşme, okul, han, kervansaray ve köprü gibi tarihi yapıların yanında anıt ağaçlara sıklıkla rastlanmaktadır (Şekil 69). Genellikle tarihi yapının inşası sırasından dikilmiş ağaçlara da rastlanmaktadır. Bu durumda yapı ve ağacın yaşı birbirine yaklaşıktır. Bu mekanlarda cansız ancak ağaç ile yaklaşık olarak aynı yaş özelliğine sahip yapıların ve tarihi pek çok olaya tanıklık etmiş canlı bir ağacın birlikte yer alması ziyaretçiler tarafından gösterilen saygıyı artıracaktır.

Şekil 69: Kırsal meskenler ve anıt ağaçlar. Solda *Fraxinus angustifolia* ve tarihi ahşap mesken, sağda *Quercus petraea* ve tarihi taş mesken

c. Kutsal mekanlar ve anıt ağaçlar

Cami, türbe, kilise, manastır, şapel ve mezarlık gibi alanlar insanlar için kutsal mekanlardır. Bu mekanlarda anıt ağaçlara rastlamak oldukça sıradandır. Anıt ağaçların önemli bir bölümünün günümüze kadar yaşayabilmesi, bunların kutsal ve mistik mekanlarda yer almalarından ve bu yüzden saygı görmelerinden kaynaklanmaktadır. Pek çok anıt ağaç mezarlık içinde, cami avlusunda ve türbe yanlarında bulunduğu için insanların zararlı etkilerinden korunabilmiştir (Yaltırık, 1999).

Samsun ili genelinde yapılan arazi çalışmalarından mezarlık içerisinde, cami ve türbe yakınında pek çok anıt ağaca rastlanmıştır (Şekil 70). Anıt ağaçların rastlandığı bu kutsal mekanlar önemli destinasyonlar değildir. Ancak bu alanlar yılın belirli dönemlerinde insanların ziyaret ettikleri alanlardır. Bu alanlardaki anıt ağaçlar da ziyarete gelen vatandaşların kutsal mekana duydukları saygıyı artırmaları bakımından önemli bir yere sahiptirler. Bu nedenle kutsal mekanların yakınında yer alan anıt ağaçların o mekanın bir parçası olarak değerlendirilmesi ve mutlak suretle korunması gerekmektedir.

Şekil 70: Kutsal mekanlarda yer alan anıt ağaçlar. Solda Türbe yakınında *Quercus robur*, sağda cami avlusunda *Celtis australis*

d. Yerleşme meydanlarındaki anıt ağaçlar

Kırsal alanlarda köy meydanı olarak adlandırılan alanlarda yaşlı ağaçlara sıklıkla rastlanmaktadır (Şekil 71). Bu ağaçların köyün kültür ve folklorunda önemli bir yere sahip olabilmektedir. Bu ağaçlar düğünlerin ve çeşitli eğlencelerin yapıldığı, buluşmaların ve vedaların yaşandığı, oyunların oynandığı alanda yer aldıklarından yöre halkı için değerlidir. Bu nedenle bu ağaçlar gizli birer turizm ögesidir. Barındırdıkları bu özellikler ve yöre halkının kendilerine atfettikleri değer nedeniyle ağaçlar uzun sure yaşayabilmiştir. Yöre halkı için folklorik değere sahip bu ağaçlar tanıklık ettikleri olaylar ve kendilerine atfedilen değerler ile ziyaretçilere sunulmalıdır. Bu durum anıt ağaçların yöre için değerini artıracağı gibi yörenin tanınırlığına da katkı sağlayacaktır.

Şekil 71: Köy meydanında yer alan anıt *Quercus petraea* (Kabacagöz, Ladik, Samsun).

10.3. Samsun'da Çevre Bilinci Oluşturmaları Açısından Önemi

Anıt ağaçların vatandaşlar tarafından saygı duyulan ve koruma bilinciyle yaklaşılan varlıklar haline gelmesi için öncelikle bu ağaçların resmî kurumlarca saygı görmesi gerekmektedir. Ağaçların koruma altına alınması, etraflarının sarılması, bilgilendirici tabelalar ile önemlerinin açıklanması, şehir gezi rehberlerinde, şehir tanıtım videolarında ve sunumlarında yer almaları, vatandaşların bu ağaçlara bakış açısını değiştirecek ve anıt ağaçlara duyulan saygıyı artıracaktır.

Bu çalışma ili Samsun il sınırları içerisinde tescilli anıt ağaçların ve anıtsal değer taşıdığı tespit edilen ağaçların önemli bir kısmı kırsal alanda yer alırken, bir kısmı da şehirsel alan içerisinde yer almaktadır. Anıt ağaçların yer aldığı konumlarda Samsun'da yaşayan vatandaşlar ile yapılan görüşmeler sonucunda şehirsel alandaki ve kırsal alandaki ağaçların, şehir insanı ve kır insanı üzerindeki etkilerinin farklı olduğu tespit edilmiştir. Bu etkiler 4 başlıkta açıklanabilir:

1) Şehirsel alandaki anıt ağaçların şehir insanı üzerindeki etkisi: Şehirde yaşayan insanlar için şehirsel alan içerisinde yer alan ağaçların, peyzajın vazgeçilmez bir parçası haline geldiği ve şehirsel alanlarda giderek azalan yeşil alanların birer kalıntısı olarak kabul edildikleri görülmüştür. Şehir insanının anıtsal ağaçlara karşı tutumunun genel olarak korumacı olduğu anlaşılmıştır.

2) Şehirsel alandaki anıt ağaçların kır insanı üzerindeki etkisi: Kırdaki yaşam alanlarında benzer ağaçlar ile karşılan kır insanları, şehirsel alanda anıt ağaçların hayatta kalabilmesini şehir yönetiminde yetkili olan kişilerin bir başarısı ve devletin doğa korumaya verdiği önemin bir temsili olarak gördükleri ve bu durumun vatandaşların yurt sevgisine olumlu yansıdığı anlaşılmıştır.

3) Kırsal alandaki anıt ağaçların şehir insanı üzerindeki etkisi: Kırsal alanlardaki temiz havayı şehirsel alandan bir kaçış olarak gören vatandaşlar, kırsal alanda sık karşılaşılan anıt ağaçların varlığını kır insanının doğaya karşı saygısı ve bu ağaçları korumayı vazife edinmesi olarak yorumladıkları görülmüştür. Şehir insanının kırsalda yaşayan insanlara bu ağaçları koruma ve bakımlarını üstlenmeleri sebebiyle minnet ve saygı duyduğu anlaşılmıştır.

4) Kırsal alandaki anıt ağaçların kır insanı üzerindeki etkisi: Kırsal alanda yaşayan insanların, şehirde yaşayan insanlara göre ağaçlarla daha fazla etkileşimi olması, anıt ağaç ve aday anıt ağaç sayılabilecek ağaçlarla daha sık karşılaşmaları sebebiyle bu tür ağaçları doğada sık rastlanabilen ağaçlar olarak gördükleri anlaşılmıştır. Kırsal alanda özellikle tarihi mezarlıklarda karşılaşılan anıt ağaçlara kır insanının daha fazla saygı ve hayranlık duyduğu görülmüştür. Bu durumun temel sebebi, vaktiyle akrabalarını ya da sevdikleri insanları bu ağaçların gölgesine defnetmeleri ve bunun sonucunda bu ağaçlarla bir bağ kurmalarıdır.

Bu durumdan yola çıkarak, şehirde ve kırsal alanda yaşayan vatandaşların, şehirde ve kırsal alanda bulunan anıtsal ağaç algılarının farklı olduğu, yaşadıkları çevrede bulunan anıtsal ağaçların kendilerinden önce de o çevrenin bir parçası olduğu görüşünün hâkim olduğu ve bu ağaçların vatandaşların doğa koruma bilincine katkıda bulunduğu fark edilmiştir. Özellikle özel mülkleri içerisinde anıtsal ağaç bulunan vatandaşlar bu ağaçları korumak için kendilerince önlemler aldıkları ve ağaçların yaşatılmasını kendilerine vazife edindikleri görülmüştür. Evlerinin yakınlarında anıtsal ağaç bulunan vatandaşların, hayatlarının tüm evrelerine bu ağaçların şahit olmasını doğanın bir parçası ile dost olma ve doğa ile bir bütünleşme olarak algıladıkları anlaşılmıştır.

Bu çalışma ile tespit edilen anıtsal ağaçlara, Samsunlu vatandaşların saygı duymasının sebebi ağaçların görkemli yapıları ve vatandaşlarca tahmin edilen yaşlarıdır. Yapılan arazi çalışmaları sırasından vatandaşlara anıt ağaç kavramının açıklanması, bu ağaçların bilimsel açıdan ve turizm açısından değerli olduklarının açıklanması ile ağaçlara duyulan saygının arttığı gözlenmiştir. Samsun genelinde anıtsal değer taşıyan ağaçların tespit edilmesi ve yöre halkının bilgilendirilmesi, bu ağaçlara duyulan saygıyı artıracak ve halkın anıtsal ağaçları koruma bilincine katkıda bulunacaktır.

11. BÖLÜM

FOTOĞRAF ALBÜMÜ

Bu bölümde, arazi çalışmaları esnasında karşılaşılan bazı özel durumlara ait fotoğraflar sunulmuştur. Bunlar arasında ağaçlarda karşılaşılan bazı olumsuzların, kullanılan yöntemlerin, ağaçların bulunduğu sahada ortaya çıkan özel şekillerin, yanındaki meskenler ile birlikte güzel bir manzara sunan ağaçların, turizm faaliyetlerinde kullanılabilecek ağaçların fotoğrafları yer almaktadır.

Şekil 72: İçerisinden çeşme geçirilen anıt *Platanus orientalis*. Ayvacık ilçesinde yer alan bu çınar ağacının güney tarafında büyük bir kovuk bulunmaktadır. Ağacın gölge yaptığı çay bahçesine çeşme ile su ulaştırmak isteyenler ağacın etrafından dolaşmak yerine kovuğu da fırsat olarak değerlendirerek ağacı delmiştir. Bu bilinçsiz müdahale ortaya bu görüntüyü çıkarmıştır. (Orhangazi, Ayvacık, Samsun).

Şekil 73: Tarla sınırlarını belli etmek için çekilen demir teli bünyesine katmış bir *Quercus petraea.* (Arslantaş, Ladik, Samsun).

Şekil 74: Gövdesine çivi çakılarak üzerine market ürünleri asılmış *Platanus orientalis.* (Orhangazi, Ayvacık, Samsun).

Şekil 75: Define için gövdesi yarılmış *Celtis australis*. Yaşlı ağaçlar, bazı dönemlerde çeşitli sebepler insanların değerli eşyalarını sakladıkları alanlar olmuştur. Bu durumu iyi bilen defineciler yaşlı ağaçların etrafını ve gövdesini kazarak değerli eşya aramaktadır. Bu görselde gövdesinde hazine saklı olduğu rivayetine kapılarak define arayıcıları tarafından gövdesi açılmış *Celtis australis* görülmektedir (Örencik, Vezirköprü, Samsun).

Şekil 76: *Platanus orientalis*'te kovuk oluşumu. Yaşlı ağaçlarda en sık karşılaşılan doğal kaynaklı sorunların başında kovuk oluşumu gelmektedir. Görselde 10 metre gövde çevresine sahip bir ağaçta oluşan dev kovuk görülmektedir. (Yenice, Alaçam, Samsun).

Şekil 77: Artım burgusu ile *Fraxinus angustifolia* ağacından örnek alımı. (Kurtahmetli, Çarşamba, Samsun).

Şekil 78: Kovuk oluşumu görülen *Platanus orientalis*'in farklı seviyelerinde gövde çevresi ölçümü. (Orhangazi, Ayvacık, Samsun).

Şekil 79: *Quercus robur* ağacından artım burgusu ile örnek alımı. (Arslantaş, Ladik, Samsun).

Şekil 80: KAF Zonu yakınında 335 yıllık *Quercus petreae*. Bu ağaç Kuzey Anadolu Fay Zonu'na denk gelen vadinin güney yamacında yer almaktadır. Fay zonuna bu yakınlığı sebebiyle geçmiş dönemlerde meydana gelen depremlerin izlerine ağaç halklarından iz bırakmış olabilir. Bu potansiyeli sebebiyle dendroseismolojik çalışmalarda kullanılabilecek önemli bir ağaçtır. (Arslantaş, Ladik, Samsun).

Şekil 81: Heyelanlı arazide anıt ağaç arayışı. Bir arazide meydana gelen heyelanın izleri ağaç halkaları tarafından tutulmaktadır. Bunun için heyelana yakın ağaçların bulunması gereklidir. Ağaç halkalarının incelenerek kütle hareketlerinin tespit edilmesi dendrojeomorfolojinin inceleme alanıdır. (İbi, Lâdik, Samsun).

Şekil 82: Orman üst sınırında yer alan *Fagus orientalis*'ten örnek alımı. Orman üst sınırında yer alan yaşlı ağaçlar sıcaklığın halka gelişimi üzerindeki sınırlandırıcı etkisini açıklamada önemlidir. (Tahnal, Salıpazarı, Samsun).

Şekil 83: V şekilli vadi ve *Fagus orientalis*'ler. Orman üst sınırında V şekilli vadi ve kahverengi orman toprakları üzerinde gelişmiş *Fagus orientalis*'ler görülmektedir. Genç bireyler arasında anıt ağaç dikkat çekmektedir. (Tahnal, Salıpazarı, Samsun).

Şekil 84: Eğimli yamaçta örnek alımı. Ağaçların kökleri, eğimli arazilerde üzerlerindeki toprağın erozyonla taşınması nedeniyle yüzeye çıktığında örnek alım seviyesi de yukarıya çıkarılmaktadır. Burada yaklaşık 30 derece eğimli bir yamaçta yer alan *Quercus cerris* türüne ait bir anıt ağaçtan 180 cm yükseklikten örnek alınmaktadır. (Teberoğlu, Ladik, Samsun).

Şekil 85: Eğimli arazilerde kök sistemlerinin gelişmesi. Dikey dengenin sağlanması için ağaç topografyaya uyumlu olarak köklerini görseldeki gibi geliştirir. Kökler ağacın dengede durmasını sağlar. (Tahnal, Salıpazarı, Samsun).

Şekil 86: Erozyon sonucunda köklerin ve anakayanın açığa çıkması (*Celtis australis*). Toprak derinliğinin fazla olmadığı yerlerde ağaçlar, besin bulmak amacıyla köklerini yüzeye paralel olarak uzatırlar. Zamanla yüzey toprağı erozyona uğrarsa kökler ve anakaya ortaya çıkabilir. (Akören, Vezirköprü, Samsun).

Şekil 87: Eski mezarlıklar yaşlı ağaç bulunabilecek en olası yelerdendir. Mezarlıkta anıt *Quercus robur*. (Karaabdal, Lâdik, Samsun).

Şekil 88: Ahşap meskenin yanında yer alan anıt *Fraxinus angustifolia*. Tarihi binaların yanında yer alan anıt ağaçlar müthiş bir görsel şölen sunmaktadır. Bu tarihi binalar ahşap ise dendrokronoloji teknikleri kullanılarak binaların yaşı hakkında tahmin yürütmek de mümkün olmaktadır. Bunun için meskenden uygun örneklerin alınması ve veri tabanındaki kayıtlarla karşılaştırılması gerekmektedir. (Kurtahmetli, Çarşamba, Samsun).

Şekil 89: *Platanus orientalis* ve üzerinde yaşayan *Hedera helix*. (İlyaslı/Bafra/Samsun).

Şekil 90: Ev bahçesinde anıt *Quercus petraea*. Evinin bahçesinde geniş yapraklı türlere anıt ağaç olan vatandaşlar hem bu ağaçlara büyük bir hayranlık ve saygı duymakta hem de ağacın gölgesinden faydalanmaktadır. (Kabacagöz, Ladik, Samsun).

Şekil 91: 10 m gövde çevresine sahip *Platanus orientalis.* Arazi çalışmalarında tespit edilen en geniş gövdeli ağaç 10 metre gövde çevresine sahip *Platanus orientalis* türüne ait anıt ağaçtır. Kovuk oluşumu nedeniyle ağacın içi boşalmış ve çürümeler olmuştur. (Yenice, Alaçam, Samsun).

Şekil 92: Mezarlar arasında 445 yıllık *Platanus orientalis.* Mezarlıktaki bazı ağaçların uzun yaşamasının sebebi, insanların kutsal mekanlardaki ağaçları mekanın bir parçası olarak görmesi ve bundan dolayı saygı duymasındandır. (Yenice, Alaçam, Samsun).

Şekil 93: Camii avlusunda anıt *Celtis australis*. Camii avlusunda anıt *Celtis australis*. Bazı ağaçların dini mekanların avlusunda yer alması ağaçlara duyulan saygıyı artırmaktadır. Bu ağaçların mekanın bir parçası olarak görülür ve düzenli olarak bakımları yapılır. Bu durum ağaçların uzun ömürlü olmasını sağlar. (Akören, Vezirköprü, Samsun).

Şekil 94: Yol ortasında kalmış anıt ağaç. Kunduz Yaylası yolu üzerinde yer alan bu anıt *Quercus petraea* doğaya karşı gösterilen saygıya güzel bir örnektir. (Sofular, Vezirköprü, Samsun).

SONUÇLAR ve ÖNERİLER

Anıt ağaç kavramı boy, yaş, gövde çapı, tepe çapı vb. fiziksel özellikler ve sosyokültürel özellikleri ile sıradan ağaçlardan farklı özellikler taşıyan ağaçların kayıt altına alınması, sağlık durumlarının takip edilmesi ve korunması amacıyla oluşturulmuş bir koruma statüsüdür. Anıtsal değer taşıdığı düşünülen ağaçlar bir dizi ölçüm ve kriterlerden geçirildikten Çevre, Şehircilik ve İklim Değişikliği İl Müdürlükleri'ne bağlı Tabiat Varlıklarını Koruma İşlerinden Sorumlu Şube Müdürlükleri tarafından kurul değerlendirilmesine alınır. Kurul tarafından anıtsal değer taşıdığına karar verilen ağaçlar, anıt ağaç olarak tescillenir. Ağaçların ölçüm bilgilerinin kaydedilmesi ve anıtsal değer hesaplamasında, bu çalışmada da kullanılan, Genç-Güner Yöntemi'nin önemli katkıları olmuştur.

Pek çok ülkede anıtsal değer taşıyan ağaçları tanımlamak için anıt ağaç, dev ağaç, önemli ağaç, kıdemli ağaç, yaşlı ağaç vb. ifadeler kullanılmaktadır. Ülkemizde ise anıt ağaç kavramı kabul görmüş ve geniş kitleler tarafından bilinir hale gelmiştir. Türkiye'de 2021 yılı haziran ayına kadar toplam 9.268 ağaç, anıt ağaç statüsü ile koruma altına alınmıştır. Bazı illerde 1000'in üzerinde tescilli ağaç varken bazı illerde bu sayı sıfırdır. Ülkemizde en çok anıt ağaca sahip 5 il, 1271 anıt ağaç ile Balıkesir, 1256 anıt ağaç ile Kocaeli, 1250 anıt ağaç ile Bursa, 1084 anıt ağaç ile İstanbul, 699 anıt ağaç ile Muğla'dır. Bu durumun yanı sıra Ağrı, Ardahan, Batman, Bayburt, Bitlis, Iğdır, Kars, Kırşehir, Muş ve Van'da tescil kazanmış ağaç bulunmamaktadır.

Bu çalışmada araştırma sahası olarak belirlenen Samsun'da, 25 adet münferit ve 1 adet grup ağaç olmak üzere toplamda 26 olarak kabul edilen tescilli anıt ağaç bulunmaktadır. 26 tescilli anıt ağaç ile Samsun, anıt ağaç varlığı bakımından Türkiye illeri arasında 31. sırada yer almaktadır.

Bu çalışma ile Samsun ili sınırları içerisinde fiziksel ve sosyokültürel özellikleri bakımından anıtsal değer taşıyan ağaçları tespit etmek ve bu ağaçlarla bir envanter oluşturmak amaçlanmıştır. Bu amaç doğrultusunda Samsun'un çeşitli yerlerine arazi çalışmaları yapılmıştır. Arazi çalışmaları öncesinde ve esnasında çalışma sahası Samsun il sınırları içerisinde bulunan Samsun, Bafra, Kavak ve Vezirköprü Orman İşletme Müdürlükleri'nden ve mahalle muhtarlarından bilgi alınmıştır. Arazi çalışmalarının planlanmasını kolaylaştırması için çalışma sahası, orman işletme müdürlüklerinin Samsun il sınırları içerisinde kalan kesimlerini kapsayacak şekilde 4 bölgeye ayrılmıştır.

Arazi çalışmaları sonucunda,

Samsun Orman İşletme Müdürlüğü'nün Samsun ili sınırlarında kalan çalışma sahasında 7 tanesi anıt ağaç, 1 tanesi aday anıt ağaç olmak üzere toplam 8 anıtsal değere sahip ağaç tespit edilmiştir.

Bafra Orman İşletme Müdürlüğü'nün Samsun ili sınırlarında kalan çalışma sahasında 9 tanesi anıt ağaç, 4 tanesi aday anıt ağaç olmak üzere toplam 13 anıtsal değere sahip ağaç tespit edilmiştir.

Kavak Orman İşletme Müdürlüğü'nün Samsun ili sınırlarında kalan çalışma sahasında 24 tanesi anıt ağaç, 2 tanesi aday anıt ağaç olmak üzere toplam 25 anıtsal değere sahip ağaç tespit edilmiştir.

Vezirköprü Orman İşletme Müdürlüğü'nün Samsun ili sınırlarında kalan çalışma sahasında 10 tanesi anıt ağaç, 3 tanesi aday anıt ağaç olmak üzere toplam 14 anıtsal değere sahip ağaç tespit edilmiştir.

Gerçekleştirilen tüm arazi çalışmaları sonucunda Samsun ili sınırları içerisinde 61 ağacın anıtsal değer taşıdığı tespit edilmiştir. Bunlardan 54 tanesi anıt ağaç, 7 tanesi de aday anıt ağaç olarak değerlendirilecek anıtsal değere sahiptir. Tespit edilen 61 anıtsal değere sahip ağaç ile yerel ölçekte Samsun'un büyük ölçek de ise Türkiye'nin doğal miras değerlerine önemli katkı sağlandığı düşünülmektedir.

Tespit edilen tüm ağaçların türlere göre dağılımı şu şekildedir:

Sapsız Meşe (*Quercus petraea*) türüne ait 17 ağaç, Saçlı Meşe (*Quercus cerris*) türüne ait 13 ağaç, Saplı Meşe (*Quercus robur*) türüne ait 8 ağaç, Adi Çitlembik (Celtis australis) türüne ait 6 ağaç, Doğu Çınarı (*Platanus orientalis*) türüne ait 5 ağaç, Doğu Kayını (*Fagus orientalis*) türüne ait 3 ağaç, Adi Ceviz (*Juglans regia*) türüne ait 3 ağaç, Sivri Meyveli Dişbudak (*Fraxinus angustifolia*) türüne ait 2 ağaç, Adi Porsuk (*Taxus baccata*) türüne ait 2 ağaç, Karaçam (*Pinus nigra*) türüne ait 1 ağaç ve Boylu Ardıç (*Juniperus excelsa*) türüne ait 1 ağaç tespit edilmiştir.

Çalışmada tespit edilen en yaşlı ağaç 625 yıl ile Doğu Çınarı (*Platanus orientalis*) türüne aittir. Bu ağaç aynı zamanda 10 metre ile tespit edilen en geniş gövde çevresine ve gövde çapına sahip ağaçtır. En genç ağaç ise 100 yıl ile Sapsız Meşe (*Quercus petraea*) türüne ait ağaçtır.

Tespit edilen ağaçlar arasında bazılarında tüm gövdeyi kapsayan kovuk, çeşitli yerlerde çürümeler, üst dallarda ve gövdede kuruma, vatandaşlar tarafından yapılan bilinçsiz müdahaleler gibi durumlara rastlanmıştır. Özel mülkündeki ağaçta kovuk, kuruma, çürüme ve mantar oluşumu gibi süreçlerle karşılan vatandaşların bu durumlara nasıl müdahale edileceğini bilmedikleri ve genellikle yanlış müdahaleler ile ağaca zarar verdikleri gözlenmiştir.

Anıt ağaçlardan bilimsel çalışmalarda, turizm faaliyetlerinde ve insanların doğa sevgisini ve çevre bilincini artırmakta yararlanılabilmektedir. Tespit edilen anıtsal ağaçların Samsun için önemi ve ağaçlardan nasıl yararlanılacağı bu 3 başlık altında açıklanmıştır.

Samsun'da tespit edilen anıtsal ağaçlardan bilimsel faaliyetler için yararlanmak mümkündür. Samsun Tahnal Mahallesinde 1000-1065 metre yükseklikte ve orman üst sınırında tespit edilerek yaşlandırması yapılan doğu kayını bireylerinin yaş aralığı 150-250 yıl olarak hesaplanmıştır. Bu ağaçlardan oluşturulacak kronolojiler ile yörenin iklim geçmişi hakkında 250 yıla kadar geriye gidebilen bilgilere erişmek mümkün olacaktır. Dendroklimatolojik yöntemler ile bu yöredeki ağaçların yıllık halkalarının incelenmesi sonucunda düşük sıcaklıkların ağaçların büyümesi üzerindeki sınırlayıcı etkisi tespit edilebilecektir.

Lâdik ilçesinin Arslantaş mahallesinde tespit edilen 3 adet meşe taksonuna ait ağaç Kuzey Anadolu Fay Zonu'nun çok yakınında yer almaktadır. Bu ağaçların yıllık halkalarının dendrokronolojik yöntemler ile incelenmesiyle oluşturulacak kronolojilerle KAF Zonu'nda yaklaşık son 350 yılda meydana gelen depremlerin ve özellikle 1943 yılında meydana gelen Ladik'te yıkıcı etkileri olan depremin KAF Zonu'na çeşitli mesafe uzaklıkta bulunan ağaçlar üzerindeki etkisini incelemek mümkün olacaktır.

Çalışmada tespit edilen anıt ağaçlar, turizm faaliyetlerinde kullanabilecekleri 4 gruba ayrılmıştır. Bunlar: ekoturizm faaliyetlerinde kullanılabilecek anıt ağaçlar, tarihi yapılar ile birlikte değerlendirilebilecek anıt ağaçlar, kutsal mekanlardaki anıt ağaçlar ve yerleşme meydanlarındaki anıt ağaçlar şeklindedir. Bulundukları alana estetik değer katan bu ağaçların turizm faaliyetleri için kullanılması ile yöre halkı için ekonomik bir destek oluşturulmuş olacaktır.

Çalışmada tespit edilen anıtsal ağaçların bulundukları yerde yöre insanı ile yapılan görüşmeler sonucunca şehirsel alandaki ve kırsal alandaki ağaçların, şehir insanı ve kır insanı üzerindeki etkilerinin farklı olduğu tespit edilmiştir. Ancak ortak görüş insanların kendilerinden yaşça çok büyük olan anıtsal ağaçlardan etkilendiği, o ağaçların bulundukları çevrenin uzun zamandır değişmez bir parçası olarak varlığını sürdürdüğü düşüncesidir. Ağaçların münferit olarak koruma altına alınmasının vatandaşların doğa koruma bilincine katkıda bulunduğu ve çevre bilincini artırdığı gözlenmiştir.

Çalışmada kullanılan yöntem olan G-G Yöntemi'ne, anıt ağaç tespit ve koruma süreçlerindeki işleyişe, devlet ve vatandaşlar tarafından anıt ağaçlara karşı sergilenmesi gereken tutuma ilişkin öneriler şu şekilde sıralanabilir.

Günümüze kadar pek çok anıt ağaç tespit çalışmasında ve bu çalışmada da kullanılan Genç-Güner Yöntemi'nde bazı hususların düzenlenmesi gerekmektedir. Bu hususlar şu şekilde sıralanabilir:

- Yaşları itibariyle anıtsal değer taşıyan ve günümüzde tespit edilen pek çok ağaç, çeşitli yerlerindeki çürüme ve böcek-mantarlar zararı sebebiyle acilen bakıma ihtiyaç duymaktadır. Bu durum, bakım çalışmaları ile giderilmeye çalışıldığında ağaçlar büyük ölçüde kurtarılabilecekken G-G Yöntemi'nde ağaçların böcek-mantar zararı ve çürüme göstermesi negatif puan olarak hanelerine yazılmaktadır.
- Pek çok yaşlı ağacın gövdesinde kovuk oluşumu görülmektedir. Anıtsal değer taşıyan ağaçlarda da kovuk oluşumu çok sık rastlanan bir durumdur. Ağaçlar, böcek-mantar zararına uğruyorsa ve çürümeye başlamışsa bu kovukların acilen kapatılması gerekmektedir. Ancak kullanılan yöntemde ağaçlarda kovuk oluşumu, ağaçlara negatif puan olarak yansımaktadır.
- Yukarıda açıklanan 2 farklı durum, zaten acilen koruma altına alınması gereken ağaçların koruma altına alınmasını güçleştirmektedir.
- Ağaçların boy ve tepe çapı ölçüsü puanlamadaki önemli parametrelerdir. Ağacın boyu ne kadar uzunsa ve tepe çapı ne kadar genişse o kadar fazla puan almaktadır. Ancak bakım işlemleri sırasında ağacın yükünü hafifletmek için yapılan budamalar, ağacın boyunun kısalmasına ve tepe çapı ölçüsünün küçülmesine sebep olmaktadır. Bu durumda ağaçların boy ve tepe çapı parametrelerinden alacakları puan azalmaktadır.

Açıklanan bu 3 durum, yöntemde tarafımızca tespit edilen 3 önemli sorundur. Bu sorunların giderilmesi için

- Ağaçlarda böcek-mantar zararının ve çürümenin, eğer giderilebiliyorsa negatif özellik olarak sayılmaması,
- Ağaçlarda kovuk oluşumunun ağaca zarar verecek faktörlere aracı olmuyorsa negatif özelliklerden çıkarılıp bir görsel ayrıcalık olarak değerlendirilmesi,

- Ağaçlarda bakım çalışması amacıyla yapılan boy kısaltma ve tepe çapı daraltma işlemlerinin göz önüne alınması ve bakım çalışması yapılan ağaçların boy ve tepe çapı ölçülerinde aşırı azalma varsa o ağaçlar için belirleyici parametrelerin yaş ve gövde çapı ölçüleri olması gerekmektedir.
- Anıt ağaçların tescil işlemleri Çevre, Şehircilik ve İklim Değişikliği Bakanlığı Tabiat Varlıkları Koruma Genel Müdürlüğü'ne, bakım ve onarım işlemleri ise belediyelere verilmiştir. Yasal açıdan farklı kurumlar tarafından pay edilen sorumluluklar bazı durumlarda işleyişi yavaşlatabilmektedir. Anıt ağaçlarla ilgili diplomatik işleyişin kısaltılması, tespit, tescil, bakım ve onarım gibi süreçlerin de hızlı gerçekleşmesi için anıt ağaçlarla ilgili tüm süreçlerin ya da büyük sorumluluğun tek kurum tarafından yürütülmesi gerekmektedir.

Türkiye'de halen tespiti ilgili kurumlarca yapılmamış pek çok ağaç bulunmaktadır. Bu ağaçların büyük kısmı kırsal alanlarda bulunmakta ve kırsal alanlarda yaşayan vatandaşlar tarafından bilinmektedir. Ülkemizde anıt ağaçlarla ilgili yapılması gereken en önemli iş, bir an önce illerimizde anıtsal değer taşıyan tüm ağaçların tespit edilmesi ve bu ağaçlarla ilgili envanter oluşturulmasıdır. Çünkü her yıl kırsaldaki yakacak ihtiyacını karşılamak için yaşlı ağaçlar kesilmektedir. Ayrıca yaşlı ağaçların pek çoğundan kovuk oluşumu başladığından bu kısımlardan ağaç çürümeye başlayabilmektedir. Bu nedenle bu ağaçların bir an önce tespit edilmesi ve bakımlarının yapılması gerekmektedir.

Bugüne kadar anıt ağaç olarak tescil edilmiş ağaçların pek çoğu olağan üstü boy, yaş ve gövde çapı özellikleri ile anıtlaşmıştır. Ancak artan nüfusla birlikte artan doğa tahribi ağaçların olağan üstü fiziksel ölçülere ulaşması zorlaştırmaktadır. Bu nedenle anıt ağaç tescilinde göz önüne alınan kriterler biraz esnetilmelidir. Çünkü 150-200 yaşlarında anıt sayılmayan bir ağacın, anıt ağaç olarak kabul görmesi için 300 yaşına gelmesini beklemek, o ağacın kesilmesine göz yummak anlamına gelmektedir. Bunun sebebi kırsal alandaki pek çok ağacın kesilme tehtidi ile karşı karşıya olmasıdır. Ayrıca zaman içerisinde bu ağaçlarda çürüme, kuruma, mantar ve böcek oluşumları gibi olumsuzluklar gelişebilir

Bu çalışma ile Samsun ili sınırlarında tespit edilen ve ölçümleri yapılan 61 anıtsal ağaç içerisinde anıt ağaç olacak anıtsal değere sahip 54 ağacın, anıt ağaç statüsü ile koruma altına alınması ve acilen bakımlarının yapılması gerekmektedir. Aday anıt ağaç olarak belirtilen 7 ağacın bilgilerinin kaydedilmesi düzenli aralıklarla kontrollerinin yapılması ve mülk sahiplerine ağaçların doğal ve kültürel açıdan önemleri hakkında bilgi vererek ağaçların kesilmesinin önüne geçmek gerekmektedir.

Tespit edilen ağaçlara zarar gelmeyecek şekilde turizme kazandırmak için çalışmalar yapılmalıdır. Tescil işlemleri tamamlanan ağaçların tamamına bilgi levhası asılmalıdır. Tescilli anıt ağaçlar yol güzergahlarında kahverengi tabela ile belirtilmelidir. Tescil işlemleri yapılmadan önce ağaçlara mahalli birer isim verilmeli ve ağaçlara olan ilgi artırılmalıdır. Ağaçlara atfedilen bir olay ya da hikâye varsa öğrenilmeli ve bilgi levhasında bu bilgiler kullanılmalıdır. Turizmde yeni varış noktaları oluşturmak amacıyla bu ağaçların bir kısmının şehir turizm rehberlerine eklenmesi gerekmektedir. Türbe, cami, han, hamam, saray, köşk vb. yapılarla bu yapıların bahçelerinde ve yakınlarında yer alan ağaçları bir bütün olarak kabul ederek tek bir destinasyon imajı oluşturmak gerekmektedir. Bu durum daha bütüncül mekanlar ortaya çıkarmaya yardımcı olacaktır.

Vatandaşlar anıt ağaçların taşıdıkları doğal ve kültürel değerler hakkında bilgilendirilmelidir. Özellikle kırsal alanlarda yer alan ağaçların yaşamları, bulundukları mülkün sahibinin doğa duyarlığına bağlıdır. Bu duyarlılık, herhangi bir yakacak temini ihtiyacında ortadan kalkabilecek durumdadır. Yakacak ihtiyacı doğduğunda genç ağaçların kesilmeyeceği hassasiyetine sahip vatandaşların ilk hedefi kurumaya başlamış yaşlı ağaçlar olmaktadır. Bu durumun önüne geçmek adına vatandaşların genç ağaçlara karşı olan hassasiyetinin anıtsal değer taşıyacak kadar yaşlı olan ağaçlar için de oluşmasını sağlamak gerekmektedir.

Son olarak ülkemizde yalnızca anıtsal ağaçlara değil doğadaki her bir canlıya saygı duyan, doğa sevgisi ve çevre bilinci ile donatılmış vatandaşlar ve nesiller yetiştirmek ve bu bilincin bütüne yayıldığı bir ülke haline gelmek için ülkenin her kesiminden vatandaşların ve ilgili kurumların sorumluluk alması ve ülkemizin doğal değerlerine sahip çıkması gerekmektedir.

KAYNAKLAR

Akbulut, S., Özkan, Z.C. (2004). Dendrokronolojik çalışmalarda ağaçların seçimi ve yıllık halka ölçümleri. *Kafkas Üniversitesi Artvin Orman Fakültesi Dergisi, 1*(2), 84-88.

Akkemik, Ü. (2004). *Dendrokronoloji: ilkeleri - biyolojik temelleri - yöntemleri - uygulama alanları*. İstanbul: İstanbul Üniversitesi Orman Fakültesi Yayın No: 4484/479.

Arlender, A. (2020). *Meetings with remarkable and unremarkable trees in Johannesburg and environs*. Johannesburg: Arts Research Africa.

Arnan, X., Lopez, B.C., Martinez-Vilalta, J., Estorach, M., Potayos, R. (2012). The age of monumental olive trees (*Olea europaea*) in Northeastern Spain. *Dendrochronologia, 30*, 11-14.

Arslan, S. (2014). Türk kültüründe ağaç kültü ve "Hayat Ağacı". *International Journal of Social and Educational Sciences, 1*(1), 59-71.

Asan, Ü. (1991). Doğal ve kültürel miraslarımızdan anıt ağaç ve ormanlar. *Yeşile Çerçeve Dergisi, 9*, 22-24.

Asan, Ü. (1992). Anıt ağaçların birey ve toplum psikolojisi üzerindeki etkileri. *Yeşile Çerçeve Dergisi, 18*, 18-19.

Asan, Ü. (2010). *İstanbul'un doğal mirası anıt ağaçlar*. İstanbul: İstanbul Büyükşehir Belediyesi Kültür Yayınları.

Asan, Ü. (2016). *Anıt ağaç kavramının fiziksel, görsel ve sosyokültürel dayanakları*. İstanbul: Arkeoloji ve Sanat Yayınları.

Asciuto, A., Borsellino, V., D'Acquisto, M., Dı Franco, C.P., Dı Gesaro, M., Schimmenti, E. (2015). Monumental trees and their existence value: the case study of an Italian natural park. *Journal of Forest Science, 61*(2) 56–61.

Avcı, M. (2007). *Coğrafyacılar için dendrokronoloji*. İstanbul: Çantay Kitabevi.

Bağcı, H.R., Bahadır, M. (2019). Kızılırmak deltasında (Samsun) arazi kullanımı ve zamansal değişimi (1987-2019). *Jass Studies- The Journal of Academic Social Science Studies*, Number: 78, Winter, p. 295-312.

Bağcı, H.R., Şahin, K. (2023). *Yeşilırmak deltasında doğal ortam-insan ilişkileri*. Pegem Akademi, Ankara.

Bars, M.E. (2014). Türk kültüründe ağaç kültü ve şor kahramanlık destanlarına yansımaları. *International Journal of Social Science, 27*, 379-398.

Chadt, J.E. (1913). *Staré a památné stromy v Čechách, na Moravě a ve Slezsku.* Pisek: Vlastním nákladem.

Çevre, Şehircilik ve İklim Değişikliği Bakanlığı. (2021). *Türkiye'de illere göre tescilli anıt ağaç sayısı verileri.*

Doğanay, H., Zaman, S. (2016). *Türkiye turizm coğrafyası* (Güncellenmiş 5. Baskı). Ankara: Pegem Akademi.

Dreslerova, J. (2017). Memorial trees in the Czech landscape. *Journal of Landscape Ecology, 10*(2).

Efe, R., Soykan, A., Sönmez, S., Cürebal, İ. (2010). *Edremit'in anıtsal ve korunmaya değer ağaçları.* Edremit Belediyesi Kültür Yayınları.

Ergun, P. (2012). *Türk kültüründe ağaç kültü.* Ankara: Atatürk Kültür Merkezi Yayınları.

Erinç, S. (1977). *Vejetasyon ve bitkiler coğrafyası.* İstanbul: Edebiyat Fakültesi Basımevi.

Falk, S. (2011). *The veteran trees of Warwickshire.* Warwickshire Biological Records Centre. England.

Fritts, H.C. (1976). *Tree rings and climate.* Academic Press London.

Gallego-Valadés, A., Ródenas-Rigla, F., Garcés-Ferrer, J. (2020). Approach to urban environmental justice using exploratory spatial data analysis. The case of Valencia's monumental trees. *Sustainability*, 12, 7760.

Genç, M., Güner, Ş.T. (2000). Isparta'da yeni saptanan doğal bir anıt kestane (Castanea sativa Mill.) meşceresi. *Turkish Journal of Agriculture and Forestry, 24*, 37-44.

Genç, M., Güner, Ş.T. (2001). *Anıt ağaç envanteri ve seçimi için yeni bir yöntem.* I. Ulusal Ormancılık Kongresi Bildiriler Kitabı (19-20 Mart 2001), Ankara.

Hatipoğlu, İ.K., Uzun, A. (2020). "Melet Irmağı (Ordu) Orta ve aşağı çığırında arazi kullanımının zamansal ve mekânsal değişimi(2002 – 2015)", *Mavi Atlas*, *8*(1), 154-168.

Kavgacı, A. (2002). Türkiye'nin anıt meşeleri ve yeni bir anıt meşe (Çeçe Sultan Meşesi). *İstanbul Üniversitesi Orman Fakültesi Dergisi, Seri B 52*(1), 133-141.

Le Roux, D.S., Ikin, K., Lindenmayer, D.B., Manning, A.D., Gibbons, P. (2014). The future of large old trees in urban landscapes. *PLoS ONE, 9*(6).

Marangoz, A.M., Aylar, F., Zeybek, H.İ. (2023). The Impact of land use/cover change (2000-2018) on soil erosion in the Acısu Basin (Sivas/Türkiye). *Gümüşhane Üniversitesi Sosyal Bilimler Dergisi, 14*(3), 947-967

Marsh, G. P. (1864). *Man and nature: or physical geography as modified by human action.* London.

Özçelik, H., Doğan, Ü., Tanrıver, H. (1998). Göller Yöresi'nden bazı abide ağaçlar. *Ekoloji Dergisi, 7*(26), 13-17.

Özçelik, R. (2006). Mersin-Aydıncık ilçesi anıt dallı servileri (*Cupressus sempervirens L. var. horizontalis* (Mill.) Gord.). *Süleyman Demirel Üniversitesi Fen Bilimleri Enstitüsü Dergisi, 10*(2), 197-201.

Palabaş Uzun, S., Uzun, A., Terzioğlu, S. (2007). Doğal mirasımıza bir katkı: Anıt Doğu Ladini (*Picea orientalis* (L.) Link.). *Düzce Üniversitesi Ormancılık Dergisi, 3*(2), 42-54.

Palabaş Uzun, S., Bozali, N., Sivrikaya, F. (2011). Kahramanmaraş'ın tarihine ışık tutan anıt ağaçlar. *Kahramanmaraş Sütçü İmam Üniversitesi Doğa Bilimleri Dergisi, 14*(2), 43-51.

Patrut, A., Woodborne, S., Patrut, R.T., Rakosy, L., Lowy, D.A., Hall, G., Von Reden, K. F. (2018). The demise of the largest and oldest African baobabs. *Nature Plants*, 4, 423–426.

Ritchie, M., Szuster, B., Kaufman, A. (2021). Establishing consensus criteria for determining heritage tree status. *Arboricultural Journal, 43*(2), 73-92.

Schweingruber, F.H. (1989). *Tree rings, basics and applications of dendrochronology*. Holland: Kluwer Academic Publishers.

Schweingruber, F.H., Wirth, C. (2009). Old trees and the meaning of "old". *Old-Growth Forests: Function, Fate and Value* (eds C. Wirth et al.), (pp. 35-54). Springer, Berlin, Heidelberg, New York.

Szczepkowski, A., Tyburski, L., Sulkowska, M. (2020). Monument trees in the Kampinos National Park (Central Poland): A review. *Folia Forestalia Polonica, Series A-Forestry, 62*(3), 210-219.

Şen, H. (2022). *Samsun ilinde asırlık doğal ortam değişimi tanıkları: Anıt ağaçlar*. Ondokuz Mayıs Üniversitesi Lisansüstü Eğitim Enstitüsü. (Yayımlanmamış yüksek lisans tezi). Samsun.

Şen, H., Bahadır, M. (2021). Samsun ilinde asırlık doğal ortam değişimi tanıkları: Anıt ağaçlar. *Kesit Akademi Dergisi*, 7 (29), 589-608.

Şen, H., Bahadır, M. (2022). An evaluation on the conservation of monumental trees and bringing them into tourism, in: İbrahimova, G., Alimgerey, Z.

(Ed.), *Book of full texts International Scientific Research Congress Dedicated to The 30th Anniversary of Baku Eurasia University*. IKSAD Global, Baku, pp, 219-231.

Takács, M., Malatinszky, Á. (2021). Half of the ancient trees in Hungary stand in human-altered environments. *Sustainability,* 13, 12803.

Uygun, S., Aylar, F. (2023). Pazarsuyu Havzası'nda (Giresun) arazi kullanımının zamansal değişimi (2000-2018). *Kesit Akademi Dergisi, 9* (34), 279-302.

Xie, C., Dong, W., Liu, D. (2020). Species diversity and distribution pattern of old trees in Wuzhong district, Suzhou City. *Pak. J. Bot., 52*(4), 1335-1343.

Yaltırık, F. (1999). Tarihin yeşil tanıkları anıt ağaçlar. *Yeşil Atlas Dergisi, 2*, 70-78.

Yaman, B., Sarıbaş, M. (2007). Zonguldak-Dirgine ormanlarında yeni bir anıt ağaç: Elemen Karaçamı. *Ekoloji Dergisi, 16*(63), 62-68.

Yücel, M., Babuş, D. (2005). Doğa korumanın tarihçesi ve Türkiye'deki gelişmeler. *Doğu Akdeniz Ormancılık Araştırma Müdürlüğü DOA Dergisi (Journal of DOA), 11*, 151-175.

Zaman, S., Coşkun, O. (2012). Milli parklarda kaynak değer kullanımı için bir öneri: Nene Hatun Tarihi Milli Parkı. *Atatürk Üniversitesi Sosyal Bilimler Enstitüsü Dergisi, 16*(3), 117-134.

Zhao, L., Yang, K., Luo, Y. (2021). *The temporal and spatial distribution of Chinese old trees and its analysis*. IOP Conf. Series: Earth and Environmental Sciences 658, Shenyang, China.